"十三五"职业教育规划教材

水利水电工程造价与实务

主　编　曾　瑜　厉　莎

副主编　沈　坚

参　编　卓　君　张明胜　颜玲辉

主　审　楼洪瑞

中国电力出版社

CHINA ELECTRIC POWER PRESS

内 容 提 要

本书为"十三五"职业教育规划教材。全书共分七个项目，主要内容包括水利水电工程造价基础知识，水利水电工程定额，水利水电工程基础单价，建筑与安装工程单价，设计概算编制，其他阶段工程造价文件编制、计算机编制水利水电工程造价简介。本书根据《水利工程工程量清单计价规范》（GB 50501—2007）、《浙江省水利水电工程设计概（预）算编制规定（2010）》、《浙江省水利水电建筑工程预算定额（2010）》等最新标准和规范编写，主要介绍了现行浙江省水利水电工程各类造价文件编制原理、方法与步骤。

本书可作为高职高专院校水利水电建筑工程、水利工程、水利工程施工、水利水电工程造价与管理等专业的教材，也可供水利类专业教师和水利水电工程行业从事施工、设计、监理、造价咨询等工程技术人员参考。

图书在版编目（CIP）数据

水利水电工程造价与实务/曾瑜，厉莎主编. —北京：中国电力出版社，2016.2（2019.2重印）

"十三五"职业教育规划教材

ISBN 978-7-5123-8768-3

Ⅰ.①水… Ⅱ.①曾…②厉… Ⅲ.①水利水电工程-工程造价-高等职业教育-教材 Ⅳ.①TV512

中国版本图书馆 CIP 数据核字（2016）第 002026 号

中国电力出版社出版、发行

（北京市东城区北京站西街 19 号　100005　http://www.cepp.sgcc.com.cn）

北京建宏印刷有限公司印刷

各地新华书店经销

*

2016 年 2 月第一版　2019 年 2 月北京第三次印刷

787 毫米×1092 毫米　16 开本　10.5 印张　251 千字

定价 **35.00** 元

前　言

　　本书是根据《国务院关于大力发展职业教育的决定》、教育部《关于全面提高高等职业教育教学质量的若干意见》等文件精神编写。

　　本书结合浙江省水利厅颁发的现行水利水电工程造价的有关规定和定额编写。全书共分为七个项目，主要有以下特点：

　　（1）本书根据浙江省水利厅颁发的现行水利水电工程造价文件和取费标准，并结合当前水利水电造价的发展要求编写，内容精炼、表达准确、概念清晰。

　　（2）根据高等职业教育的要求，结合本课程实践性强的特点，本书在内容编写和项目安排上边讲边练，各项目任务在基础原理、基础理论和基本方法阐述之后，均有一定数量的典型案例。

　　（3）为了提高工程造价人员应用计算机编制工程造价的能力，本书介绍了涌金水利计价软件的应用。

　　全书由浙江同济科技职业学院曾瑜、厉莎主编，浙江水利水电学院的沈坚副主编，浙江省水电工程局楼洪瑞主审。参与本书编写的人员有杭州建业造价工程师事务所卓君，浙江省水利水电勘测设计院张明胜，杭州品茗软件有限公司颜玲辉。

　　限于编者水平，书中难免有疏漏之处，恳请各位专家、广大读者提出宝贵意见。

编　者

2015 年 12 月

目　录

项目一 水利水电工程造价基础知识

重点提示

1. 了解水利水电工程的分类、建设程序。
2. 掌握水利水电工程建设不同阶段工程造价文件的作用。
3. 掌握水利水电工程的项目组成和划分。
4. 掌握水利水电工程工程量计算的规则。

任务一 水利水电工程建设程序

一、水利工程概述

水是人类赖以生存的基础，是经济发展和社会进步的生命线，是实现可持续发展的重要物质条件。水利是现代农业建设不可或缺的首要条件，是经济社会发展不可替代的基础支撑，是生态环境改善不可分割的保障系统。

水利工程是指为消除水害和开发利用水资源而修建的工程。按其服务对象分为防洪工程、农田水利工程、水力发电工程、航道和港口工程、供水和排水工程、环境水利工程、海涂围垦工程等。

防洪工程是防止洪水灾害的工程，如城市防洪工程、江河湖防洪大堤工程（图1-1）。

农田水利工程是为防止旱、涝、渍灾为农业生产服务的水利工程，如排洪渠、灌水渠（图1-2）等。

图1-1 长江大堤鄂州段

图1-2 农田排灌渠

水力发电工程是指将水能转化为电能的工程，如三峡水利枢纽工程（图1-3），二滩水电站工程。

航道和港口工程是为改善和创建航运条件的水利工程，如京杭大运河（图1-4），杭州三堡船闸工程等。

图1-3　长江三峡水利枢纽工程

图1-4　京杭大运河杭州段

城镇供水和排水工程是为工业和生活用水服务，并处理和排除污水和雨水的工程，如永嘉楠溪江供水工程（图1-5），温州西向排洪工程。

环境水利工程是指为防止水土流失和水质污染，维护生态平衡的水利工程，如图1-6所示。

图1-5　永嘉楠溪江供水工程

图1-6　水土保持工程

图1-7　平阳中期围垦工程

围垦工程是指围海造田，满足工农业生产或交通运输需要的水利工程，如图1-7所示。

二、水利工程建设程序

工程建设是人们将货币通过建筑、采购、安装等手段转化为固定资产的过程。建设的根本目的是促进国民经济发展和社会进步，改善和提高人民群众的物质和文化生活水平。由于工程建设对国民经济发展影响重大，所以国家对工程建设建立了一套严格的程序，以保证工程建设的顺利进行。

建设程序是指建设项目从策划、评估、决策、设计、施工到竣工验收、投入生产等整个建设过程中，各项工作必须遵循的先后次序。这些严格的先后次序，是由建设项目发展的内在联系和发展过程决定的，不能任意颠倒。

根据《水利工程建设程序管理暂行规定》，水利工程建设程序一般分为：项目建议书、可行性研究报告、初步设计、施工准备（包括招标设计）、建设实施、生产准备、竣工验收、项目后评价等阶段。

1. 项目建议书

项目建议书应根据国民经济和社会发展规划、江河流域（区域）综合规划，按照国家产业政策和投资建设方针进行编制。在对项目的建设条件进行调查后，择优选定建设项目和项目的建设规模、地点、建设时间，论证工程项目建设的必要性，初步分析项目建设的可行性和合理性。

项目建议书编制单位应具有相应资格的设计单位承担，并按国家现行规定权限向主管部门申报审批。

2. 可行性研究阶段

可行性研究应对建设项目进行方案比较，其目的是研究和论证兴建本工程技术上是否可行，经济上是否合理。

可行性研究报告应按照《水利水电工程可行性研究报告编制规程》（SL 618—2013）编制。

可行性研究报告，按国家现行规定的审批权限报批。审批部门要委托相应资质的工程咨询机构对可行性研究报告进行评估，并综合行业归口主管部门、投资机构、项目法人等方面的意见进行审批。

项目建设书及可行性研究这两阶段也称项目决策阶段，是工程项目实现过程的第一阶段。

3. 初步设计阶段

初步设计在批准的可行性研究的基础上进行，要解决可行性研究阶段没有解决的主要问题。编制初设报告时，应进行认真调查、勘察、试验、研究，取得可靠的设计基本资料，确定项目的各项基本技术参数和编制项目的总概算。项目法人应通过招标择优选择有相应资质的设计单位承担勘测设计工作。

初步设计报告应按照《水利水电工程初步设计报告编制规程》（SL 618—2013）编制。

初步设计文件报批前，一般由项目法人委托有相应资质的工程咨询机构或组织有关专家，对初步设计中的重大问题进行咨询论证。设计单位根据咨询论证意见，对初步设计文件进行、修改、优化。初步设计按国家现行规定权限向主管部门申报审批。

设计单位必须严格保证设计质量，承担初步设计的合同责任。初步设计文件经批准后，主要内容不得随意修改、变更。如有重要修改、变更，须经原审批机关复审同意。

4. 施工准备阶段

水利工程项目在主体工程开工之前，必须完成各项施工准备工作，其主要内容包括：施工现场的征地、拆迁；完成施工用水、电、通信、路和场地平整等工程；必需的生产、生活临时建筑工程；组织招标设计、咨询、设备和物资采购等服务；组织建设监理和工程施工招标投标。

水利工程建设项目，除某些不适应招标的特殊工程项目外（须经水行政主管部门批准），均须实行招标投标。

5. 建设实施阶段

建设实施阶段是指主体工程的建设实施，项目法人应按照批准的建设文件，组织工程建设，保证项目建设目标的实现。

项目法人或其代理机构必须按审批权限，向主管部门提出主体工程开工申请报告，经批准后，主体工程方能正式开工。

6. 生产准备阶段

生产准备是项目投产前所要进行的一项重要工作，是建设阶段转入生产经营的必要条件。项目法人应按照建管结合和项目法人责任制的要求，适时做好有关生产准备工作。

生产准备应根据不同类型的工程要求确定，一般应包括组建运行管理组织机构、招收和培训人员、生产技术准备、生产物资准备和正常的生活福利设施准备等内容。

7. 竣工验收阶段

竣工验收是工程完成建设目标的标志，是全面考核基本建设成果、检验设计和工程质量的重要步骤。竣工验收合格的项目即从基本建设转入生产或使用。

当建设项目的建设内容全部完成，并通过单位工程验收和工程档案等专项验收、完成竣工报告、竣工决算等必需文件的编制后，项目法人按《水利工程建设项目管理规定》，向验收主管部门提出申请，根据国家和部颁验收规程，组织验收。

竣工决算编制完成后，须由审计机关组织竣工审计，其审计报告作为竣工验收的基本资料。

8. 项目后评价阶段

建设项目竣工投产后，一般经过1~2年生产运营后，要进行一次系统的项目后评价，主要内容包括：

（1）影响评价，指项目投产后对各方面的影响进行评价。

（2）经济效益评价，指项目投资、国民经济效益、财务效益、技术进步和规模效益、可行性研究深度等进行评价。

（3）过程评价，指对项目的立项、设计施工、建设管理、竣工投产、生产运营等全过程进行评价。

项目后评价的目的是肯定成绩、总结经验、研究问题、吸取教训、提出建议、改进工作、不断提高项目决策水平和投资效果。

三、水利工程造价文件

水利水电工程建设过程各阶段由于工作浓度不同、要求不同，其工程造价文件类型也不同。现行的工程造价文件类型主要有投资估算、设计概算、项目管理预算、标底与报价、施工图预算、施工预算、竣工结算和竣工决算等。

1. 投资估算

投资估算是项目建议书及可行性研究阶段对建设工程造价的预测，应充分考虑各种可能的需要、风险、价格上涨等因素，要打足投资，不留缺口，适当留余地。投资估算是项目建议书及可行性研究报告的重要组成部分，是项目法人为选定近期开发项目作出科学决算和进行初步设计的重要依据。投资估算是工程造价全过程管理的"龙头"，抓好这个"龙头"有十分重要的意义。

2. 设计概算

设计概算是初步设计阶段对建设工程造价的预测，是初步设计文件的重要组成部分。初步设计概算静态总投资原则上不得突破已批准的可行性研究投资估算静态总投资。由于工程项目基本条件变化，引起工程规模、标准、设计方案、工程量改变，其静态总投资超过可行性研究相应估算静态总投资在 15％以下时，要对工程变化内容和增加投资提出专题报告。超过 15％以上（含 15％）时，必须重新编制可行性研究报告并按原程序报批。

由于初步设计阶段对建筑物的布置、结构形式、主要尺寸以及机电设备的型号、规格等均已确定。所以概算对建设工程造价不是一般的测算，而是带有定位性质的测算。经批准的设计概算是国家确定和控制工程建设投资规模，政府有关部门对工程项目造价进行审计和监督，项目法人筹措工程建设资金和管理工程项目价的依据，也是编制建设计划，编制项目管理预算和标底，考核工程造价和竣工结算、竣工决算以及项目法人向银行贷款的依据。概算经批准后，相隔 2 年及 2 年以上工程未开工的，工程项目法人应委托设计单位对概算进行重编，并报原审查单位审批。

建设项目实施过程中，由于某些原因造成工程投资突破批准概算投资的，项目法人可以要求编制调整概算。

3. 项目管理预算

由项目法人委托具备相应资质的水利工程造价咨询单位，在批准的初步设计概算静态投资限额之内，依据水利部《水利工程造价管理暂行规定》编制项目管理预算。在编制项目管理预算时，执行"总量控制、合理调整"的原则，根据工程建设情况、分标项目，对初步设计概算各单项、单位、分部工程的量、价进行合理调整，以利于在工程建设中对工程造价进行管理和控制。

4. 标底与报价

标底是招标人对发包工程项目投资的预期价格，标底要反映社会平均先进水平，符合工程市场经济环境，它可用来测算和科学评价投标报价的合理性，作为评标的重要参考。标底一般是由项目法人委托具有相应资质的水利工程造价咨询单位，根据招标文件、图纸、按有关规定，结合该工程的具体情况，计算出的合理工程价格。标底的主要作用是招标单位对招标工程所需投资的自我测算，明确自己在发包工程中应承担的财务义务。标底也是衡量投标单位标价的准绳和评标的重要参考尺度。

报价，即投标报价，是施工企业（或厂家）对建安工程施工产品（或机电、金属结构设备）的自主定价。相对国家定价、标准价而言，它反映的是企业平均先进水平，体现了企业的经营管理和技术、装备水平，不得低于企业成本价。

5. 施工图预算

施工图预算是由于设计单位在施工图设计阶段编制的，通常也称为设计预算。其作用主要是建设单位落实安排设备、材料采购、订货，安排施工进度，组织施工力量，进行现场施工技术管理等项工作的依据。

6. 施工预算

施工预算是承担项目施工的单位根据施工工序而自行编制的人工、材料、机械台班消耗量及其费用总额，即单位工程成本。它主要用于施工企业内部人、材、机的计划管理，是控制成本和班组经济核算的依据。

7. 竣工结算和竣工决算

竣工结算是施工单位与建设单位对承建工程项目的最终结算（施工过程中的结算属中间结算），竣工结算与竣工决算的主要区别有两点：一是范围，竣工结算的范围只是承包工程项目，是基本建设项目的局部，而竣工决算的范围是基本建设项目的整体；二是成本内容，竣工结算只是承包合同内的预算成本，而竣工决算是完整的预算成本，它还要计入工程建设其他费用开支、水库淹没处理、水土保持及环境保护工程费用和建设期还贷利息等工程成本和费用。由此可见，竣工结算是竣工决算的基础，只有先做好竣工结算，才有条件编制竣工决算。

竣工决算是建设单位向国家（或项目法人）汇报建设成果和财务状况的总结性文件，是竣工验收报告的重要组成部分，它反映了工程的实际造价。竣工决算由建设单位负责编制。

竣工决算是建设单位向管理单位移交财产、考核工程项目投资，分析投资效果的依据。编好竣工决算对促进竣工投产，积累技术经济资料有重要意义。

任务二　水利水电工程项目组成

一、建筑工程

（一）枢纽工程

枢纽工程指水利枢纽建筑物（含引水工程中的水源工程）和其他大型独立建筑物。具体项目如下（其中前七项为主体建筑工程）。

1. 挡水工程

拦截河川水流的挡水建筑物是水利枢纽中最主要的水工建筑物之一。最常见的挡水建筑物是拦河坝。坝的作用是拦蓄洪水、雍高水位、形成水库同时又可集中河段落差，以便引水发电或灌溉、供水和调节水流等。在平原河段上修建低水头水利枢纽时，常用拦河闸来挡水和泄水。

2. 泄洪工程

泄洪建筑物的主要作用是宣泄洪水，以防洪水漫顶，确保坝体安全。它是水利枢纽工程不可缺少的建筑物。泄洪建筑物有溢流坝（闸）、溢洪道、泄洪隧洞、泄水底孔，以及冲砂孔（洞）、放空洞等。

3. 引水工程

引水建筑物主要功能是自水库或河流引水、输水的供发电、灌溉和城市供水需要，包括引水明渠、进水口、沉砂池、隧洞、调压井、压力管道等工程。

4. 发电厂工程

发电厂工程指装设水轮发电机组及主要辅助设备的场所，包括地面和地下各类主、副厂房工程，以及相关的洞、井及尾水工程。

5. 升压变电站工程

升压变电站工程指建设升压输出、切换电能和保护、检测等设备的站场，包括变电站、开关站等工程。

6. 航运工程

通航建筑物的功能是当河流上修建拦河坝后，在上下游形成水位差时，使船只能以一定的方式通过大坝，包括上下游引航道、船闸、升船机等工程。

7. 鱼道工程

在河流中修建坝（闸）后，截断了鱼类的通道，使某些洄游特性的鱼类难以在上下游产卵，影响渔业生产。为保证鱼类的繁殖，在水利枢纽中需修建过鱼建筑物。鱼道工程可单独立项，当与拦河坝（闸）结合的，也可作为拦河坝（闸）工程的组成部分。

8. 交通工程

交通工程包括上坝、进厂、对外等场内外永久性的公路、铁路、桥涵、码头等，也包括对原有的公路、桥梁等的改造加固工程。

9. 房屋建筑工程

房屋建筑工程包括生产运行管理服务的永久性辅助生产用房、仓库、办公、生活及文化福利等房屋建筑和室外工程。

10. 其他建筑工程

其他建筑工程包括内外部观测工程、动力线路（厂坝区）、照明线路、通信线路，以及厂坝区和生活区供水、供热、排水等公用设施工程，厂坝区环境建设工程，水情自动测报工程及其他工程。

（二）引水、河道及围垦工程

引水、河道及围垦工程指引供水、灌溉、河湖整治、围垦、堤防等工程。

（1）引供水、灌溉渠（管）道、河湖整治、滩涂围垦及堤防工程，包括渠（管）道、清淤疏浚、河滩海涂围垦、海堤、堤防修建与加固等工程。

（2）建筑物工程，包括泵站、水闸、隧洞、渡槽、倒虹吸、箱涵、跌水、小水电站、排水沟（涵）及调蓄水库工程等。

（3）交通工程，指永久性公路、桥梁、码头等。

（4）房屋建筑工程，同枢纽工程。

（5）供电设施工程，指为生产运行供电需要架设的输电线路及变配电设施工程。

（6）其他建筑工程，包括内外部观测、照明线路、通信线路，厂坝（闸、泵站）区及生活区供水、供热、排水等公用设施、工程沿线或建筑周围环境建设、水情自动测报及其他工程。

二、机电设备及安装工程

（一）枢纽工程

枢纽工程指构成枢纽工程固定资产的全部机电设备及安装工程。

（1）发电设备及安装工程，包括水轮机、发电机、主阀、起重机、水力机械辅助设备、电气设备等设备及安装工程。

（2）升压变电设备及安装工程，包括主变压器、高压电气设备、一次拉线等设计安装工程。

（3）公用设备及安装工程，包括通信设备、通风采暖设备、机修设备、计算机监控系统、管理自动化系统、全厂接地及保护网，电梯，坝区馈电设备，厂坝区及生活区供水、排水、供热设备，水文、泥沙监测设备，水情自动测报系统设备、外部观测设备、消防设备、交通设备等设备及安装工程。

（二）引水、河道及围垦工程

引水、河道及围垦工程指构成该工程固定资产的全部机电设备及安装工程。本部分一般由泵站设备及安装工程、小水电站设备及安装工程、供变电工程和公用设备及安装工程四项组成。

（1）泵站设备及安装工程，包括水泵、电动机、主阀、起重设备、水力机构辅助设备、电气设备等设备及安装工程。

（2）小水电站设备及安装工程，其组成内容可参照枢纽工程的发电设备及安装工程和升压变电设备及安装工程。

（3）供变电工程，包括供电、变配电设备及安装工程。

（4）公用设备及安装工程，包括通信设备、通风采暖设备、机修设备、计算机监控系统、管理自动化系统、全厂接地及保护网，坝（闸、泵站）区馈电设备，厂坝（闸、泵站）区供水、排水、供热设备，水文、泥沙监测设备，水情自动测报系统设备，外部观测设备，消防设备，交通设备等设备及安装工程。

三、金属结构设备及安装工程

金属结构设备及安装工程指构成枢纽工程和其他水利工程固定资产的全部金属结构设备及安装工程，包括闸门、启闭机、拦污栅、升船机等设备及安装工程，压力钢管制作及安装工程和其他金属结构设备及安装工程。

金属结构设备及安装工程项目要与建筑工程项目相对应。

四、临时工程

临时工程指为辅助主体工程施工所必须修建的生产和生活用临时性工程。本部分组成内容如下：

（1）施工导流工程，包括导流明渠、导流洞、施工围堰、蓄水期下游断流补偿设施、金属结构设备及安装工程等。

（2）施工交通工程，包括施工现场内外为工程建设服务的临时交通工程，如公路、桥梁、施工支洞、码头、转运站等。

（3）施工场外供电工程，包括从现有电网向施工现场供电的高压输电线路（10kV及以上等级）和施工变（配）电设施（场内除外）工程。

（4）施工房屋建筑工程，指工程在建设过程中建造的临时房屋，包括施工仓库、办公及生活、文化福利建筑及所需的配套设施工程。

（5）其他施工临时工程，指除施工导流、施工交通、施工场外供电、施工房屋建筑以外的施工临时工程，主要包括施工供水（泵房及干管）、砂石料系统、混凝土搅拌系统、大型施工机械安装拆卸、防汛、大型施工排水、施工通信、施工临时支护设施等工程。

五、独立费用

独立费用由建设管理费、生产准备费、科研勘察设计费和其他四项组成。

（1）建设管理费，包括建设单位开办费、建设单位人员费、建设管理经常费、工程建设监理费、经济技术服务费等。

（2）生产准备费，包括生产及管理单位提前进厂费、生产职工培训费、管理用具购置费、工器具及生产家具购置费。

（3）科研勘察设计费，包括科学研究试验费、前期勘察设计费和工程勘察设计费。

（4）其他，包括工程质量检测费、安全施工费、工程保险费、其他税费。

任务三 水利水电工程项目划分

现代化的各类基本建设，是一个个规模庞大、内容繁杂的系统工程。为适应科学管理的需要，满足建设工程设计、计划、统计、财务、质监等工作的要求，必须有一个可供各方面共同遵循的统一的工程项目划分办法。

浙江省水利工程的项目划分，执行《浙江省水利水电工程设计概（预）算编制规定（2010）》。本规定项目划分主要用于投资估算和初步设计概算，而项目管理预算可对初设概算的项目进行合理调整。

一、项目划分简介

（一）两种类型

视工程的性质和功能，将水利工程划分为两种类型。

（1）枢纽工程，包括水库、水电站和其他大型独立建筑物。一般为多目标开发项目，其建筑物种类较多，布置相对集中，施工条件较复杂。

（2）引水、河道及围垦工程，包括城镇供水、灌溉、河湖整治、堤防以及滩涂围垦工程。建筑物种类相对较少，一般呈线性布置，施工条件相对简单。

以上两大类工程由于性质不同，在编制部属水利工程概（估）算时，应按水利部现行规定，区别人工预算单价和有关计费标准。浙江省因统一两大类工程人工预算单价和取费类别，无需区别。

（二）两项内容

按水利工程的特点，将概（估）算分为工程部分、征地和环境（水利部为"移民与环境"）部分两项内容。

水库区征地补偿和移民安置、工程建设区征地补偿和移民安置、水土保持工程、环境保护工程独立立项，主要是因为水库区、工程建设区征地补偿和移民安置工作在水利工程建设项目中的地位越来越重要，其补偿费用占总投资的比重也越来越大，加上水保、环保意识的加强，故与枢纽工程并列设项。

1. 工程部分

工程部分包括永久工程、临时工程和独立费用，划分为五个部分：

第一部分，建筑工程；

第二部分，机电设备及安装工程；

第三部分，金属结构设备及安装工程；

第四部分，施工临时工程；

第五部分，独立费用。

第一、二、三部分属永久工程，是指竣工投入运行后承担设计所确定的功能并发挥效益，构成生产运行单位固定资产的一部分。凡永久与临时工程相结合的项目，列入相应永久工程项目内。

第四部分施工临时工程是指在工程准备和建设阶段，为保证永久建筑和安装工程正常而修建的临时工程或采取的临时措施。临时工程投资扣除回收价值后，摊入永久工程并构成固定资产的一部分。

第五部分独立费用，是根据国家和浙江省有关规定应在工程总投资中支出但又不宜列入建筑、安装工程费和设备购置费而需独立立项的费用。独立费用摊入永久工程中，构成固定资产的一部分。

2. 征地和环境部分

征地和环境部分包括水库区、工程建设区征地补偿和移民安置，水土保持和环境保护工程。划分为四部分：

第一部分，水库区征地补偿和移民安置，包括农村部分补偿费、城（集）镇部分补偿费、工业企业补偿费、专业项目补偿费、防护工程费、库底清理费、其他费用和有关税费八项。

第二部分，工程建设区征地补偿和移民安置，包括水库工程建设区场地征用费和其他水利工程建设区的场地征用费，主要指水库淹没范围外，或者无水库淹没的水利工程的工程建设、管理及施工场地范围内的土地征用和临时占地补偿、安置补偿、迁建补偿等。

第三部分，水土保持工程，包括工程措施、植物措施、设备及安装工程、临时工程和独立费用等五项。根据《浙江省开发建设项目水土保持工程概（估）算费用构成及编制办法》计算，投资（不含预备费）列入建设项目概算总投资。

第四部分，环境保护工程，包括环境保护设施、环境监测设施、设备及安装工程、临时设施和独立费用等五项。按《水利水电工程环境保护设计概（估）算编制规程》编制，其投资（不含预备费）列入建设项目概算总投资。

（三）三级项目

根据工程实际条件，各部分下设一、二、三级项目。一级项目相当于单项工程，二级项目相当于单位工程，三级项目相当于分部分项工程。

（1）一级项目，是指建成后可以独立发挥生产能力或工程效益并具有独立存在意义的工程。如枢纽工程中的挡水工程、泄洪工程、引水工程、发电厂工程等。

（2）二级项目，是单项工程的组成部分。是指具有单独设计、可以独立组织施工的工程。如一级项目引水工程的引水明渠进（取）水口、引水隧洞、调压井、高压管道等工程。

（3）三级项目，是指通过较为简单的施工过程就能完成的结构更小的工程。它是单位工程的组成部分，可采用适当的计量单位进行计算，是确定工程造价的最基本的工程单位。如二级项目调压井工程中的土方开挖、石方开挖、混凝土、钢筋、喷浆、灌浆等工程。

第二、三级项目中，在项目划分表中仅列示了代表性子目，编制概算时，可根据初步设计的工作深度要求和工程实际情况增减或再划分。如三级项目石方开挖工程，应将明挖与暗挖、平洞与斜（竖）井分列，混凝土工程应将不同工程部位、不同标号、不同级配的混凝土分开等。

二、项目划分中应注意的几个问题

（1）现行的项目划分用于投资估算、概算，对于招标文件中的工程量清单和项目管理预算要根据工程量清单计价规范和合同管理的需要来调整项目划分。

（2）建安工程三级项目的设置除深度应满足《水利水电工程施工质量验收与评定规程》（SL 176—2007）的规定外，还必须与采用的定额相适当。

（3）对有关部门提供的工程量和预算资料，应按项目划分和费用构成正确处理。例如设计部门提供的内外部观测工程不能一概列入第一部分第十项其他建筑工程中的"内外部观测工程"二级项目内，对其中属于永久性外部观测设备的购置及安装，应列入第二部分机电设备及安装中的第三项公用设备及安装工程的"外部观测设备及安装"二级项目内；对环保设计提供的施工期施工现场的环保费用，按费用构成应属直接费中措施费内开支，故不能在概、预算中重复计列。

又如临时工程，按其规模、性质，有的应在第四部分临时工程第一～四项中单独列项，有的包括在第四部分第五项"其他临时工程"中，不单独列项，还有的包括在各个建安工程直接费中的措施费内。以供电线路为例，只有电压等级在 10kV 及以上的场外供电线路可以在第四部分第三项"场外供电线路工程"中单独列项。供电支线应包括在措施费的"小型临时设施费"中。介于以上两者之间的所有供电线路均包括在"其他临时工程"中，不单独列项。

（4）注意设计单位的习惯与概算项目划分的差异。概算项目划分与设计单位的习惯并不完全一致，有一定的差异。例如动力、通信线路、照明设施及线路、厂坝区供水、供热、排水等公用设施（水泵、锅炉、管路等）等项大多由机电设计人员提供，但这些项目都应列入第一部分建筑工程内，而不是第二部分机电设备及安装工程内。又如施工导流用的闸门及启闭机设备大多由金属结构设计人员提供，但应列在第四部分临时工程内，而不是第三部分金属结构内。

任务四 水利水电工程费用组成

建设项目所需费用，按其性质可划分为若干类，各类费用又可划分若干项。费用划分的原则，各个行业基本相同，但在具体费用划分及项目设置上，结合各自行业特点，又不尽相同。

一、水利工程建设项目费用

浙江省水利工程建设项目费用，由工程部分、征地和环境部分组成。

工程部分由建筑工程费、安装工程费、设备费、独立费用、预备费、建设期融资利息等组成。

征地和环境部分由水库区征地补偿和移民安置投资、工程建设区征地补偿和移民安置投资、水土保持工程投资、环境保护工程投资、预备费、建设期融资利息等组成。

二、建筑工程和安装工程费用

建筑安装工程费由直接费、间接费、利润、材料补差和税金组成。

（一）直接费

直接费指建筑安装工程施工过程中直接消耗在工程项目上的活劳动和物化劳动。由直接工程费和措施费组成。

1. 直接工程费

直接工程费指施工过程中直接消耗的构成工程实体和有助于工程实体形成的各项费用，包括人工费、材料费、施工机械使用费。

（1）人工费

人工费指直接从事建筑安装工程施工的生产工人开支的各项费用，包括基本工资、辅助工资、工资附加费。

（2）材料费

材料费指用于建筑安装工程项目上的消耗性材料、装置性材料和周转性材料的摊销费，包括定额工作内容规定的应计入的计价和未计价材料。

（3）机械使用费

机械使用费指消耗在建筑安装工程项目上的机械磨损、维修和动力燃料费及其他有关费用等，包括基本折旧费，大修理费、经常性修理费、安装拆卸费、机上人工费、动力燃料费等。

直接工程费的计算方法：采用"单位估价表"的形式，以定额实物量乘单价计算。

2. 措施费

措施费指为完成工程项目施工，发生于该工程施工前和施工过程中非工程实体项目的费用。内容包括施工期环境保护费、冬雨期施工增加费、夜间施工增加费、小型临时设施费、进退场费和其他。

（1）施工环境保护费：指施工现场为达到环境保护部门要求所需要的各项施工期环保费用。一般包括施工现场生活、生产污水处理，粉尘噪声处理等。

（2）冬雨期施工增加费：指在冬雨期施工期间为保证工程质量所需增加的费用，包括增加施工工序，增设防雨、保温、排水等设施，增耗的动力、燃料、材料以及因人工、机械效率降低而增加的费用。

（3）夜间施工增加费：指施工场地和公用施工道路的照明费用，包括照明设备摊销及照明能源费用。

地下工程照明费已列入定额内；照明线路工程费用包括在"其他临时工程"中；施工辅助企业系统、加工厂、车间的照明，列入相应的产品成本中，均不包括在本项费用之内。

（4）小型临时设施费：指为进行建筑安装工程施工所必需的现场临时建筑物、构筑物和各种临时设施的建设、维修、拆除、摊销等。一般包括施工现场供风、供水、供电、供热、通信等的支管支线，土石料场，简易砂石料加工场，小型混凝土拌和站，木工、钢筋、机修等辅助加工场，一般施工排水，预制场地，场地平整、道路养护，工作面上的脚手架搭拆运输摊销费以及其他小型临时设施费。

（5）进退场费：指施工作业人员、机械设备等进退施工现场（大型疏浚机械除外）发生的调遣、运输等费用。

（6）其他：包括施工工具用具使用费、工程定位复测、工程点交、竣工场地清理、工程项目及设备仪表移交生产前的维护观察费等。

其中：施工工具用具使用费，指施工生产所需，但不属于固定资产的生产工具，检验、试验用具等的购置、摊销和维护费，以及支付工人自备工具的补贴费。检验试验费，指对建筑材料、构件和建筑安装物进行一般鉴定、检查所发生的费用，包括自设试验室进行试验所耗用的材料和化学药品费用，以及技术革新和研究试验费，不包括新结构、新材料的试验费和建设单位要求对构件进行破坏性试验，以及其他特殊要求检验试验的费用。

措施费的计算：以直接工程费为计算基数，按表1-1取合计百分率计算。

表1-1　　　　　　　　　　　　措施费费率表

序号	费用名称	计算基数	费率（％）
1	施工环境保护费	直接工程费	0.2
2	冬雨期施工增加费	直接工程费	0.3
3	夜间施工增加费	直接工程费	0.5
4	小型临时设施费	直接工程费	2.0～3.5
5	进退场费	直接工程费	0.5
6	其他	直接工程费	1.0
	合计	直接工程费	4.5～6.0

根据工程项目工期及临时设施的复杂程度等情况，按合计综合取值。一般枢纽工程按 5.0%～6.0%计算，其他水利工程按 4.5%～5.5%计算。

（二）间接费

间接费是指建筑安装工程施工过程中构成建筑安装产品成本，但又无法直接计量的消耗在工程项目的有关费用。由规费和企业管理费组成。

1. 规费

规费指政府和有关政府行政主管部门规定必须缴纳的费用，简称规费。内容包括：

（1）养老保险费，指企业按规定标准为职工缴纳的基本养老保险费。

（2）失业保险费，指企业按国家规定标准为职工缴纳的失业保险费。

（3）医疗保险费，指企业按规定标准为职工缴纳的基本医疗保险费。

（4）工伤保险费，指企业按规定标准为职工缴纳的工伤保险费。

（5）住房公积金，指企业按规定标准为职工缴纳的住房公积金。

（6）水利建设专项资金：指企业按规定应缴纳的水利建设专项资金

2. 企业管理费

指企业为组织施工生产和经营活动所发生的管理费用，内容包括：

（1）管理人员工资，指管理人员的基本工资、辅助工资、工资附加费、劳动保护费及按规定标准计提的职工福利费等。

（2）差旅交通费，是指企业职工因公出差、工作调动的差旅，住勤补助费，市内交通及误餐补助费、职工探亲路费，劳动力招募费，离退休职工一次性路费及管理部门的交通工具使用费等。

（3）办公费，是指企业办公用文具、纸张、账表、印刷、邮电、书报、会议、水、电、燃煤（气）等费用。

（4）固定资产折旧、修理费，是指企业管理和试验部门及附属生产单位使用的属于固定资产的房屋、设备、仪器等折旧及维修等费用。

（5）工具用具使用费，是指管理使用的不属于固定资产的工具、用具、家具、交通工具、检验、试验、消防用具等的摊销及维修费用。

（6）职工教育经费，是指企业为职工学习先进技术和提高文化水平按职工工资总额计提的费用。

（7）劳动保护费，指企业按照国家规定标准发放给职工的劳动保护用品的购置费、修理费、保健费、防暑降温费、高空作业及进洞津贴等费用。

（8）人员和财产保险费，是指企业管理人员、财产、管理用车辆等保险费用。

（9）劳动保险费，指由企业支付的离退休职工的安家补助费、职工退职金、六个月以上的长病假人员的工资、职工死亡丧葬补助费、抚恤费等。

（10）财务费，指企业为筹集资金而发生的各项费用。包括企业经营期间发生的利息支出、金融机构手续费、投标和承包工程发生的保函手续费等。

（11）税金，是指企业按规定交纳的房产税、车船使用税、印花税等。

（12）其他，包括技术转让费、设计收费标准中未包括的应由施工企业承担的部分临时工程设计费、投标报价费、工程图纸资料费及工程摄影费、技术开发费、业务招待费、广告费、绿化费、公证费、法律顾问费、审计费、咨询费等。

间接费费率标准见表1-2。

表 1-2　　　　　　　　　间 接 费 费 率 表

工程类别	项目名称	计算基数	间接费费率合计（%）	其中	
				规费（%）	管理费（%）
一类工程	土石方工程	直接费	13.5	4.0	9.5
	混凝土工程	直接费	12.0	4.0	8.0
	基础处理工程	直接费	12.5	4.0	8.5
	安装工程	人工费	80.0	25.0	55.0
二类工程	土石方工程	直接费	12.5	4.0	8.5
	混凝土工程	直接费	10.0	4.0	7.0
	基础处理工程	直接费	10.5	4.0	7.5
	疏浚工程	直接费	10.0	4.0	7.0
	安装工程	人工费	70.0	25.0	45.0
三类工程	土石方工程	直接费	11.0	3.5	7.5
	混凝土工程	直接费	10.0	3.5	6.5
	基础处理工程	直接费	10.5	3.5	7.0
	疏浚工程	直接费	10.0	3.5	6.5
	安装工程	人工费	60.0	25.0	35.0

注　1. 工程类别按照工程取费类别划分表确定。
　　2. 钢筋制安间接费费率按相应工程类别混凝土工程的70%计算。
　　3. 单独土石方工程的开挖、运输，以及工程量3万方以上的围垦、堤防工程土石方开挖、运输及抛填，其间接费费率按相应工程类别土石方工程的75%计算。

（三）利润

指按规定应计入建筑安装工程造价中的企业平均利润。按不同工程类别实行差别利率。长期以来，建筑安装施工企业与其他行业的利润水平存在较大差距，但由于目前建筑安装施工队伍的生产能力大于市场需求，这个差距仍将存在。

浙江省规定，利润率不分建筑工程和安装工程，均以直接费与间接费之和为计算基数，一类工程取7%，二类工程取6%，三类工程取5%。

（四）税金

按国家对施工企业承担建筑安装工程作业收入所征收的营业税、城市维护建设税和教育费附加。上述税费，根据现行有关文件规定的征用范围和税率计算。

目前，营业税的税额为营业额的3%，营业额包括建筑安装企业的全部收入。城市维护建设税按营业税额收取，分纳税人所在地区执行不同税额，市区按营业税的7%征收、县城镇按营业税的5%征收、在市区或县城镇以外的按营业税的1%征收。教育费附加为营业税的5%。

市区：综合税额（%）＝(3＋3×7%＋3×5%)%＝3.36%

税金综合费率（%）＝3.36%÷(1－3.36%)＝3.48%（考虑税上计税的因素）

为计算简便，在编制概预算时，按下列公式和费率计算

税金 ＝（直接费＋间接费＋利润）×税金综合费率

式中税金综合费率标准为：

建设项目在市区：　　　　　　　　　　　　3.48%

建设项目在县城镇：   3.41%

建设项目在市区或县城镇以外：   3.28%

三、设备费

设备费一般由设备原价、运杂费、运输保险费、采购及保管费组成。

（一）设备原价

（1）国产设备。设备原价指设备现行出厂价格；对非定型和非标准产品，采用厂家签订的合同价或询价，结合当时的市场价格水平，经分析论证以后，确定设备原价。

（2）进口设备。设备原价指设备到岸价加进口征收的税金（关税、增值税等）、手续费、商检费及港口费等各项费用之和为原价。到岸价采用与厂家签订的合同价或询价计算，税金和手续费等按国家现行规定计算。

（3）大型机组分瓣运至工地后的拼装费，应包括在设备价格内。由于设备运输条件限制及其他原因需要在施工现场，且属于制造厂内组装的工作有：水轮机水蜗轮分瓣组焊，座环及基础环现场加工，定子机壳组焊，定子硅钢片现场叠装，定子线圈现场整体下线及铁损试验工作转子中心体现场组焊等，其费用包括在设备原价内。

（4）可行性研究和初步设计阶段，非定型和非标准产品一般不可能与厂家签订价格合同。设计单位应向厂家索取的报价资料、近期国内外有关类似工程的设备采购招投标资料和当年的价格水平经认真论证后确定设备价格。

（5）由工地自行加工制造的设备，如闸门、拦污栅、埋件等。

设备必需的备品备件费用，计入设备原价。

（二）运杂费

运杂费指设备由厂家运至工地安装现场所发生的一切运费及运输过程中的各项杂费。如调车费、运输费、装卸费、包装绑扎费、变压器充氮费，以及其他可能发生的杂费。

（三）运输保险费

运输保险费指设备在运输过程中的保险费用。

（四）采购及保管费

采购及保管费指建设单位或施工企业在负责设备的采购、保管过程中发生的各项费用。

四、独立费用

独立费用是指在生产准备和施工过程中与工程建设有关联而又难以直接摊入某个单位工程的独立的其他工程和费用，包括以下内容。

（一）建设管理费

建设管理费指建设单位在工程建设项目筹建和建设期间进行管理工作所需的费用。具体包括建设单位开办费、建设单位人员费、建设管理经常费、工程建设监理费、经济技术服务费共五项。

1. 建设单位开办费

建设单位开办费指新组建的建设单位，为开展工作所必须购置的办公及生活设施、交通工具等，以及其他用于开办工作的费用。

2. 建设单位人员费

建设单位人员费指建设单位从批准组建之日起至完成该工程建设管理任务之日止，需开支的建设单位人员费用。具体主要包括工作人员的基本工资、辅助工资、职工福利费、劳动保护费、养老保险费、失业保险费、医疗保险费、住房公积金、工伤及生育保险费等。

3. 建设管理经常费

建设管理经常费指建设单位从筹建到竣工期间所发生的各种管理费用，包括：

（1）工程建设过程中用于资金筹措、召开董事（股东）会议、视察工程建设所发生的会议和差旅等费用。

（2）工程宣传费。

（3）土地使用税、房产税、印花税、合同公证费。

（4）施工期间所需的水情、水文、泥沙、气象监测费和报汛费。

（5）工程验收费。

（6）公安、消防部门派驻工地补贴费及其他工程管理费用。

（7）建设单位人员的教育经费、办公费、差旅交通费、会议费、交通车辆使用费、技术图书资料费、固定资产折旧费、零星固定资产购置费低值易耗品摊销费、工具用具使用费、修理费、水电费、采暖费等。

（8）水电站、泵站工程的联合试运转费。

4. 工程建设监理费

工程建设监理费指在工程建设过程中聘任监理单位，对工程的质量、进度、安全和投资进行监理所发生的全部费用。具体包括监理单位为保证监理工作正常开展而需要购置的交通工具、办公及生活设备、检验试验设备以及监理人员的基本工资、辅助工资、工资附加费、劳动保护费、教育经费、劳动保险基金、办公费、差旅交通费、会议费、技术图书资料费、固定资产折旧费、零星固定资产购置费、低值易耗品摊销费、工具用具使用费、水电费、取暖费以及相应的利润和税金等。

5. 经济技术服务费

经济技术服务费包括技术咨询费、招标业务费、工程审价费等。

（1）技术咨询费。建设单位根据国家有关规定和项目建设管理的需要，委托具备资质的机构或聘请专家对项目建设的安全性、可靠性、先进性和经济性等有关工程技术、经济和法律等方面的专题进行咨询、评审和评估所发生的费用。具体包括勘测设计成果专项咨询、工程安全和技术鉴定、劳动安全和工业卫生测试与评审、竣工决算及项目后评估报告等咨询工作费用。

（2）招标业务费。招标业务费包括工程招标代理费和招标服务费。

工程招标代理费指建设单位对工程的勘察设计、监理、施工等招标业务委托招标代理机构进行招标工作的全部服务费用。具体包括招标代理机构编制招标文件（含资格预审文件和标底），审查投标人资格，组织投标人踏勘现场并答疑，组织开标、评标、定标，以及提供招标前期咨询、协调合同的签订等工作。招标服务费指建设单位在对工程进行招标过程中，除了招标代理费以外发生的其他招标工作服务费用。具体包括招投标交易中心服务费等。

（3）工程审价费。工程审价费指工程完工后，建设单位、施工单位双方依据合同在正式办理结算之前委托具有资质的机构所进行的工程结算审查工作所发生的费用。

（二）生产准备费

生产准备费指水利水电建设项目的生产、管理单位为准备正常的生产运行或管理发生的费用。具体包括生产及管理单位提前进厂费、生产职工培训费、管理用具购置费、工器具及生产家具购置费。

1. 生产及管理单位提前进厂费

生产及管理单位提前进厂费指在工程完工之前，生产、管理单位有一部分工人、技术人员和管理人员提前进厂进行生产筹备工作所需的各项费用。内容包括提前进厂人员的基本工资、辅助工资、职工福利费、劳动保护费、养老保险费、失业保险费、医疗保险费、住房公积金、工伤及生育保险费、教育经费、办公费、差旅交通费、会议费、技术图书资料费、零星固定资产购置费、低值易耗品摊销费、工具用具使用费、修理费、水电费、采暖费等，以及其他属于生产筹建期间应开支的费用。

2. 生产职工培训费

生产职工培训费指工程在竣工验收之前，生产及管理单位为保证生产、管理工作能顺利进行，需对工人、技术人员和管理人员进行培训所发生的费用。内容包括基本工资、辅助工资、职工福利费、劳动保护费、养老保险费、失业保险费、医疗保险费、住房公积金、工伤及生育保险费、差旅交通费、实习费，以及其他属于职工培训应开支的费用。

3. 管理用具购置费

管理用具购置费指为保证新建项目的正常生产和管理所必须购置的办公和生活用具等费用。内容包括办公室、会议室、资料档案室、阅览室、文娱室、医务室等公用设施需要配置的家具器具。

4. 工器具及生产家具购置费

工器具及生产家具购置费指按设计规定，为保证初期生产正常运行所必须购置的不属于固定资产标准的生产工具、器具、仪表、生产家具等的购置费。不包括设备价格中已包括的专用工具。

（三）科研勘测设计费

科研勘测设计费指为工程建设所需的科研、勘测和设计等费用。具体包括科学研究试验费、前期勘察设计费和工程勘察设计费。

1. 科学研究试验费

科学研究试验费指在工程建设过程中，为解决工程的技术问题，而进行必要的科学研究试验所需的费用。

2. 前期勘察设计费

前期勘察设计费指项目建议书、可行性研究等前期阶段发生的勘察费、设计费、除险加固工程安全鉴定费等前期工作费用。

3. 工程勘察设计费

工程勘察设计费指工程初步设计、招标设计和施工图设计阶段发生的勘察费、设计费、施工图审查费和为勘察设计服务的科研试验费用。不包括工程建设征地移民安置规划设计、水土保持设计、环境保护设计各设计阶段发生的勘测设计费。

（四）其他

其他包括工程质量检测费、安全施工费、工程保险费及其他税费等。

1. 工程质量检测费

工程质量检测费指工程建设期间，为检验工程质量，在施工单位自检的基础上，由建设单位委托具有相应资质的检测机构进行质量检测的费用。

2. 安全施工费

根据浙江省水利厅《关于印发〈浙江省水利工程造价计价依据（2010 年）补充〉规定（一）的通知》（浙水建〔2013〕81 号）安全施工费的内容包括"文明施工费"和"施工安全费"二项。

（1）文明施工费，指施工现场文明施工所需要的各项费用。一般包括"六牌一图"（概况、名单、安全、文明、消防、重大危险源公示牌，总平面图）、现场标牌（安全警示标志、文明标识、宣传标语等）设置，临时围护设施（围墙、围挡、彩条布围栏等）、场容场貌整洁（清扫、清洗、绿化等），现场地面整治等。

（2）施工安全费，指施工现场安全施工所需要的各项费用，包括：

1）现场安全作业环境和安全防护措施及用具、装备。具体包括安全网、高处作业临边防护栏杆、深基坑（槽）临边护栏、通道井架升降机防护棚、洞口水平隔离防护、施工用电安全措施、起重设备防护措施、防台措施等。

2）特殊安全作业防护用品、救生设施、防毒面具、有毒气体检测仪器等。

3）安全设施及特种设备的监测、监控，如起重设备安全检测、监控，基坑支护变形监测，钢管及扣件检测，现场远程视频监控系统。

4）安全生产适用的新技术、新标准、新工艺、新装备的推广应用。

5）安全警示，包括安全警示标识，警示灯等。

6）安全保卫，包括门楼、岗亭、值班设施等。

7）消防设施，包括灭火器、消防水泵、水枪、水带、消防箱、消防立管、防雷装置等消防器材和设施。

8）安全生产检查，如检查、会议、台账资料等所需费用。

9）安全措施方案编制。重大危险源和事故隐患分析、评估、监控和整改。

10）应急演练，应急救援器材配备、维护、保养。

11）安全文明标准化工地建设的申报、检查、验收、资料整编等费用。

12）安全生产教育、培训，包括师资、教材、设施、建档等所需费用。

3. 工程保险费

工程保险费指工程建设期间，为使工程能在遭受火灾、水灾等自然灾害和意外事故造成损失后得到经济补偿，而对建筑、设备及安装工程保险所发生的保险费用。

工程施工涉及的保险有：工程保险、第三者责任保险、承包人设备保险、人身意外伤害保险等。其中工程保险包括"建筑工程一切险"和"安装工程一切险"，通常以项目法人和承包人双方共同名义投保。第三者责任保险是由于施工原因导致项目法人和承包人以外的第三人受到财产损失或人身伤害的赔偿，我国的工程一切险中包含了第三者责任险。承包人设备保险一般由承包人名义投保，我国的工程一切险中包含了此保险。人身意外伤害保险是指项目法人和承包人分别对参与现场施工的人员负责投保。

4. 其他税费

其他税费指按国家规定应缴纳的与工程建设有关的税费。

五、预备费

预备费包括基本预备费和价差预备费两项。

1. 基本预备费

基本预备费主要为解决在施工过程中，经上级批准的设计变更和国家政策性调整所增加的投资以及为解决意外事故而采取措施所增加的工程项目和费用。

2. 价差预备费

价差预备费主要为解决在工程建设过程中，因人工工资、材料和设备价格上涨以及费用标准调整而增加的投资。价差预备费应从编制概算所采用的价格水平年的次年开始计算。

六、建设期融资利息

建设期融资利息指在建设期间因贷款而发生的融资利息。

任务五　工程量计算

水利水电工程各设计阶段的设计工程量，是设计工作的重要成果和编制概预算的主要依据之一。工程量计算的准确性，是衡量工程造价编制质量的重要标准。因此，工程造价专业人员除应具有本专业的知识外，还应具有一定程度的水工、施工、机电等专业知识，掌握工程量计算的基本要求、计算方法、计算规则。按照造价文件编制有关规定，正确处理各类工程量。

一、水利建筑工程量分类

水利建筑工程按其性质，工程量可以划分为以下几类：

（一）设计工程量

设计工程量由图纸工程量和设计阶段扩大工程量组成。

1. 图纸工程量

图纸工程量指按设计图纸计算出的工程量。对于各种水工建筑物，也就是按其设计的几何轮廓尺寸计算出的工程量。对于钻孔灌浆工程，就是按设计参数（孔距、排距、孔深等）求得的工程量。

2. 设计阶段扩大工程量

设计阶段扩大工程量指由于可行性研究阶段和初步设计阶段勘测、设计工作的深度有限，有一定的误差，为留有一定的余地而设置的工程量。

根据水利部发布的水利行业标准《水利水电工程设计工程量计算规定》（SL 328—2005），设计工程量阶段系数见表 1-3。

表 1-3　　　　　　　　水利水电工程设计工程量阶段系数表

类别	设计阶段	土石方开挖工程量（万 m³）				混凝土工程量（万 m³）			
		＞500	500～200	200～50	＜50	＞300	300～100	100～50	＜50
永久工程或建筑物	项目建议书	1.03～1.05	1.05～1.07	1.07～1.09	1.09～1.11	1.03～1.05	1.05～1.07	1.07～1.09	1.09～1.11
	可行性研究	1.02～1.03	1.03～1.04	1.04～1.06	1.06～1.08	1.02～1.03	1.03～1.04	1.04～1.06	1.06～1.08
	初步设计	1.01～1.02	1.02～1.03	1.03～1.04	1.04～1.05	1.01～1.02	1.02～1.03	1.03～1.04	1.04～1.05
施工临时工程	项目建议书	1.05～1.07	1.07～1.10	1.10～1.12	1.12～1.15	1.05～1.07	1.07～1.10	1.10～1.12	1.12～1.15
	可行性研究	1.04～1.06	1.06～1.08	1.08～1.10	1.10～1.13	1.04～1.06	1.06～1.08	1.08～1.10	1.10～1.13
	初步设计	1.02～1.04	1.04～1.06	1.06～1.08	1.08～1.10	1.02～1.04	1.04～1.06	1.06～1.08	1.08～1.10
金属结构工程	项目建议书								
	可行性研究								
	初步设计								

续表

类别	设计阶段	土石方开挖工程量（万 m³）				钢筋	钢材	模板	灌浆
		＞500	500～200	200～50	＜50				
永久工程或建筑物	项目建议书	1.03～1.05	1.05～1.07	1.07～1.09	1.09～1.11	1.08	1.06	1.11	1.16
	可行性研究	1.02～1.03	1.03～1.04	1.04～1.06	1.06～1.08	1.06	1.05	1.08	1.15
	初步设计	1.01～1.02	1.02～1.03	1.03～1.04	1.04～1.05	1.03	1.03	1.05	1.10
施工临时工程	项目建议书	1.05～1.07	1.07～1.10	1.10～1.12	1.12～1.15	1.10	1.10	1.12	1.18
	可行性研究	1.04～1.06	1.06～1.08	1.08～1.10	1.10～1.13	1.08	1.08	1.09	1.17
	初步设计	1.02～1.04	1.04～1.06	1.06～1.08	1.08～1.10	1.05	1.05	1.06	1.12
金属结构工程	项目建议书						1.17		
	可行性研究						1.15		
	初步设计						1.10		

注　1. 若采用混凝土立模面系数乘以混凝土工程量计算模板工程量时，不应再考虑模板阶段系数。
　　2. 若采用混凝土含钢率或含钢量乘以混凝土工程量计算钢筋工程量时，不应再考虑含钢阶段系数。
　　3. 截流工程的工程量阶段系数可取 1.25～1.35。
　　4. 表中工程量系工程总工程量。

（二）施工超挖工程量

为保证建筑物的安全，施工开挖一般都不允许欠挖，以保证建筑物的设计尺寸，施工超挖自然不可避免。影响施工超挖工程量因素主要有施工方法、施工技术、管理水平及地质条件等。

（三）施工附加量

施工附加费系指为完成本项目工程必须增加的工程量。例如小断面圆形隧洞为满足交通需要扩挖下部而增加的工程量，隧洞工程为满足交通、放炮的需要设置洞内错车道、避炮洞所增加的工程量，为固定钢筋网而增加固定筋工程量等。

（四）施工超填工程量

施工超填工程量系指由施工超挖量、施工附加量相应增加的回填工程量。

（五）施工损失量

1. 体积变化损失量

如土石方填筑工程中的施工期沉陷而增加的工程量、混凝土体积收缩而增加的工程量等。

2. 运输及操作损耗量

如混凝土、土石方在运输、操作过程中的损耗以及围垦工程堵坝抛填工程的冲损等。

3. 其他损耗量

如土石方填筑工程施工后，按设计边坡要求的削坡损失工程量，接缝削坡损失工程量，黏土心（斜）墙及土坝的雨后坝面清理损失工程量，混凝土防渗墙一、二期墙槽接头孔重复造孔及混凝土浇筑增加的工程量。

（六）质量检查工程量

1. 基础处理工程检查量

基础处理工程大多采用钻一定数量检查孔的方法进行质量检查。

2. 其他检查工程量

如土石方填筑工程通常采用的挖试坑的方法来检查其填筑成品方的干密度。

（七）试验工程量

如土石坝工程为取得石料场爆破参数和坝上碾压参数而进行的爆破试验、碾压试验而增加的工程量，为取得灌浆设计参数而专门进行的灌浆试验增加的工程量。

二、各类工程量的处理

上述各类工程量在编制造价文件时，应按《浙江省水利工程造价计价依据（2010 年）》中的项目划分和工程量计算规则等有关规定正确处理。

（一）设计工程量

设计工程量就是编制概（估）算的工程量。图纸工程量乘以工程量设计阶段系数，即是设计工程量。可行性研究、初步设计阶段应采用《水利水电工程设计工程量计算规定》（SL 328—2005）中"设计工程量阶段系数表"的数值。利用施工图设计阶段成果计算工程造价的，不论是预算或是调整概算，其工程量阶段系数均为 1.00，即设计工程量就是图纸工程量，不再预留设计阶段扩大工程量。

（二）施工超挖量、施工附加量及施工超填量

《浙江省水利水电建筑工程预算定额（2010）》（简称《预算定额（2010）》）中（除钢筋制作安装定额外）均未计入施工超挖量、施工附加量及施工超填量这三项工程量，采用《预算定额（2010）》编制概（估）算单价时，应将这三项合理的工程量，采用相应的超挖、超填预算定额计算超挖、超填费用，再摊入相应的有效工程量的单价中。但不能简单的乘以这三项工程量的扩大系数。

（三）施工损失量

混凝土场内操作运输损耗量，《预算定额（2010）》中已计入。

土石坝施工沉陷、削坡、雨后清理等损失工程量，应按《预算定额（2010）》规定的方法计入填筑工程单价中。

混凝土防渗墙的一、二期混凝土墙接头孔增加的重复造孔及浇筑工程量，《预算定额（2010）》未计入。

根据浙江省实际情况，沿海围垦工程中的筑堤土方、筑堤抛石等沉降量较大，按《预算定额（2010）》规定，该项目的沉降工程量仍计入设计工程量中。

（四）质量检查工程量

《预算定额（2010）》基础处理一章中均未计入检查孔，故采用《预算定额（2010）》编制预算或概算时，应按检查孔的参数选取相应的检查孔的钻、灌定额。

《预算定额（2010）》中已计入了一定数量的土石坝填筑质量检测所需的挖坑试验工程量，故编制概、预算时不应再计列。

（五）试验工程量

爆破试验、碾压试验、重点部位级配试验及灌浆试验等大型试验均为设计工作提供重要参数，应列入在勘测设计费的专项费用或工程科研试验费中。

三、计算工程量应注意的问题

（一）工程项目的划分

工程项目的划分必须满足《浙江省水利工程造价计价依据（2010）》的基本要求和适应定额章节子目的需要。如土石方开挖工程，应按不同土壤、岩石类别分别列项，开挖应将平洞、斜井、竖井分列；土石方填筑工程应按抛石、堆石料、过渡料、垫层料分列；混凝土工程按不同标号分列；固结灌浆应按深孔（地质钻机钻孔）、浅孔（风钻钻孔）分列等。

（二）计量单位的选取

工程量计量单位的选取，必须与定额单位相一致。

有的工程项目，其单位可以有两种表示方式，如喷混凝土可以用 m²，也可以用 m³；混凝土防渗墙可以用 m²（阻水面积），也可以用 m（进尺）和 m³（混凝土浇筑）；高压喷射防渗墙可以用 m²（阻水面积），也可以用 m（进尺）。设计采用的工程量单位应与定额单位相一致，如不一致则应按定额的规定进行换算。

工程量计量中，凡涉及体积、密度、容重等的换算，应以国家标准或定额规定为准。如砂石料"t"与"m³"、土方填筑中松实方等的单位的换算。

（三）计算内容的设置

工程计算内容的设置，必须与定额章节、子目的内容一致，如灌浆工程中的检查孔，应单独计算。压水试验，一般已在钻孔灌浆定额中包含，但检查孔压水试验需另计。

思 考 题

1. 水利水电工程项目划分的两种类型、两项内容和三级项目分别是什么？

2. 水利水电工程项目划分的注意事项是什么？

3. 建筑工程与安装工程费用的区别是什么？

项目二 水利水电工程定额

 重点提示

1. 了解定额的概念与性质；
2. 熟悉定额的表示形式；
3. 掌握水利工程定额的编制方法；
4. 掌握水利水电工程建筑和安装工程定额的使用。

任务一 定 额

一、概述

所谓"定额"，是指在一定的外部条件下，预先规定完成某项合格产品的所需要素（人力、物力、财力、时间等）的标准额度。它反映了一定时期的社会生产水平。

定额的产生和发展，是与社会生产力的发展分不开的，人类与大自然斗争过程中就逐步形成定额的概念。我国唐宋年间就有明确的记载，如"皆量以为人，定额以给资""诸路上供，岁有定额"。

定额作为一门科学，它伴随资本主义企业管理而产生。19世纪末美国工程师泰罗推出的制定工时定额、实行标准操作、采用计件工资，以提高劳动生产效率的这套称为"泰罗制"的方法，使资本主义企业管理发生了根本变革。

中华人民共和国成立以来，我国国民经济各部门，广泛地制定和采用了各种定额，为我国的建设事业发挥了重要作用。

二、工程定额分类

工程定额种类繁多，按其性质、用途、内容、管理体制的不同进行划分。

（一）按定额的内容划分

（1）劳动定额，是指具有某种专长和规定的技术水平的工人，在一定的施工组织条件下，在单位时间内应当完成合格产品的数量或完成单位合格产品所需劳动时间。

（2）材料消耗定额，指完成合格的单位产品所需材料、成品、半成品的合理数量。

（3）机械作业定额，指某种机械在一定的施工组织条件下，在单位时间内应当完成合格产品的数量，称机械产量定额。或完成单位合格产品所需时间，称机械时间定额。

（4）综合定额，指在一定的施工组织条件下，完成单位合格产品所需人工、材料、机械台班数量。

（5）机械台班费定额，指施工过程中使用施工机械一个台班所需相应人工、动力、燃料、折旧、修理、替换配件、安装拆卸以及牌照税、车船使用税、养路费的定额。

（6）费用定额，指除以上定额以外的其他直接费定额、间接费定额、其他费用定额等。

（二）按定额的编制程序和用途划分

（1）投资估算指标，主要用于项目建议书及可行性研究阶段技术经济比较和预测（估算）工程造价。浙江省水利工程目前无估算定额，而用《预算定额（2010）》乘 1.08 扩大系数代之。

（2）概算定额，主要用于初步设计阶段预测工程造价。浙江省水利工程目前无概算定额，而用《预算定额（2010）》乘 1.05 扩大系数代之。

（3）预算定额，主要用于编制施工图预算或招标阶段编制标底、报价。

（4）施工定额，主要用于施工企业编制施工预算。

（三）按费用性质划分

（1）直接费定额，指直接用于施工生产的人工、材料、成品、半成品、机械消耗的定额。

（2）间接费定额，指施工企业经营管理所需费用定额。

（3）其他基本建设费用定额，指不属于建筑安装工作量的独立费用定额，如勘测设计费定额等。

（四）按管理体制和执行范围划分

（1）全国统一定额，指工程建设中，各行业、部门普遍使用，需要全国统一执行的定额。一般由国家计委或授权某主管部门组织编制颁发。如送电线路工程预算定额、电气工程预算定额、通信设备安装预算定额、通风及空调工程预算定额等。

（2）全国行业定额，指工程建设中，部分专业工程在某一个部门或几个部门使用的专业定额。经国家计委批准由一个主管部门或几个主管部门编制颁发，在有关行业中执行。如水利水电建筑工程预算定额、公路工程预算定额、铁路工程预算定额等。

（3）地方定额，一般指省、自治区、直辖市根据地方工程特点编制的地方通用定额和地方专业定额，在本地区执行。浙江省水利工程先后颁发的 1983 版、1998 版及 2010 版预算定额就属于地方定额。

（4）企业定额，指建筑、安装企业在其生产经营过程中用自己积累的资料，结合本企业的具体情况自行编制的定额，供本企业内部管理和企业投标报价使用。

任务二　定额的编制

一、施工定额

（一）施工定额的概念及作用

施工定额是直接应用于工程施工管理的定额，是编制施工预算、实行施工企业内部经济核算的依据，它是以施工过程为研究对象，根据本施工企业生产力水平和管理水平制定的内部定额。

施工定额是规定建筑安装工人或班组在正常施工条件下，完成单位合格产品的人工、机械和材料消耗的数量标准。它是国家、地区、行业部分或施工企业以技术要求为根据制定的，是基本建设中最重要的定额之一。它既体现国家对建筑安装施工企业管理水平和经营成果的要求，也体现国家和施工企业对操作工人的具体目标要求。

施工定额的作用有：

（1）它是供施工企业编制施工预算。

（2）它是安排施工作业进度计划、编制施工组织设计的依据。

（3）它是施工企业内部经济核算的依据。

（4）它是实行定额包干，签发施工任务单的依据。

（5）它是计件工资和超额奖励计算的依据。

（6）它是限额领料和节约材料奖励的依据。

（7）它是编制预算定额的依据。

（二）施工定额的编制原则

施工定额能否得广泛的使用，主要取决于定额的质量和水平及项目的划分是否简明适用。因此，在编制工程定额的过程中应该贯彻以下原则。

1. 平均先进的原则

施工定额的水平应是平均先进水平，因为只有平均先进水平的定额才能促进企业生产力水平的提高。所谓平均先进水平，是指在正常施工条件下，多数班组或生产者经过努力才能达到的水平。一般地说，该水平应低于先进水平而略高于平均水平。它使先进生产者感到有一定的压力，能鼓励他们进一步提高技术水平；使大多数处于中间水平的生产者感到可望而可及，能增强达到定额的信心；使少数落后者通过努力学习技术和端正劳动态度，尽快缩短差距，达到定额水平。所以，平均先进水平是一种鼓励先进、激励中间、鞭策落后的定额水平。

定额水平有一定的时限性，随着生产力水平的发展，定额水平必须作相应的修订，使其保持平均先进的性质。但是，定额水平作为生产力发展水平的标准，又必须具有相对稳定性。定额水平如果频繁调整，会挫伤生产者的劳动积极性，因此不能朝令夕改。

2. 基本准确原则

定额是相对的"准"，绝对的"不准"。定额不可能完全与实际相符，而只能要求基本准确。定额是对千差万别的各个实践的概括，抽象出一般的数量标准。

3. 简明适用原则

定额的简明适用是就施工定额的内容和形式而言的。它要求施工定额内容丰富、充实，具有多方面的适用性，同时又要简单明了，容易为工人所掌握，便于查阅，便于计算，便于携带，便于执行。

4. 贯彻专群结合，以专为主的原则

编制施工定额是一项专业性、技术经济性、政策性很强的工作。因此，在编制定额的过程中必须深入调查研究，广泛征求群众的意见，在取得它们的配合和支持下，通过专门技术机械的专业人员进行技术测定、分析整理，才能使编制出来的施工定额具有科学性、代表性、权威性和群众性。

（三）施工定额的编制依据

（1）国家的经济政策和劳动制度。如工资标准、工资奖励制度、工作制度、劳动保护制度等。

（2）有关规范、规程、标准。如现行国家建筑安装工程施工验收规范、技术安全操作规程和有关标准。

（3）技术测定和统计资料，主要指现场技术测定数据和工时消耗的单项或综合统计资料。

（四）施工定额的内容

1. 劳动定额

劳动定额按其表现形式不同分为时间定额和产量定额。

（1）时间定额，是指某些专业技术等级的工人班组或个人，在合理的劳动组织与一定的生产技术条件下，为生产单位合格产品所必须消耗的工作时间。定额时间包括准备时间与结束时间、基本生产时间、辅助生产时间、不可避免的中断时间及工人必需的休息时间。时间定额以工时为单位，其计算方法如下：

$$单位产品时间定额（工时）=\frac{1}{每工时产量}$$

（2）产量定额，是指在一定的劳动组织与生产技术条件下某种专业技术等级的工人班组或个人，在单位工时中所应完成的合格产品数量。其计算方法如下

$$每工时产量=\frac{1}{单位产品时间定额（工时）}$$

产量定额的计量单位视具体产品的性质分别选用 m、m^2、m^3、t、根、块等表示。时间定额与产量定额互为倒数。

2. 材料消耗定额

材料消耗定额包括生产合格产品的消耗量与损耗量两部分。其中，消耗量是产品本身所必须占有的材料数量，材料损耗量包括操作损耗和场内运输损耗。建筑工程材料可分为直接性消耗材料和周转性消耗材料两类。直接性消耗材料是指直接构成工程实体的材料，如砂石料、钢筋、水泥等材料的消耗量，包括了材料的净用量及施工过程中不可避免的合理损耗量。周转性消耗材料是指在工程施工过程中，能多次使用、反复周转并不断的工具性材料、配件和用具等，如脚手架、模板等。

$$材料消耗量=净耗量+损耗量$$

式中，损耗量是指合理损耗量，亦即在合理使用材料情况下的不可避免损耗量，其多少常用损耗率来表示。

$$损耗率=\frac{损耗量}{消耗量}\times100\%$$

因此，材料消耗量可用下式计算

$$材料消耗量=\frac{净耗量}{1-损耗率}$$

材料消耗定额是加强企业管理和经济核算的重要工具，是确定材料需要量和储备量的依据，是施工企业对施工班组实施限额领料的依据，是减少材料积压、浪费、促进合理使用材料的重要手段。

3. 机械台时定额

机械台时定额是施工机械生产率的反映，单位一般用"台时"表示。可分为时间定额和产量定额，两者互为倒数。

（1）机械时间定额。在正常的施工条件和劳动组织条件下，使用某种规格型号的机械，完成单位合格产品所必须消耗的台时数量。

$$机械时间定额=\frac{1}{机械台时产量定额}$$

（2）机械台时产量定额。在正常的施工条件和劳动组织条件下，某种机械在一个台时内生产合格产品的数量。

$$机械台时产量定额=\frac{1}{机械时间定额}$$

二、预算定额

（一）预算定额的概念

预算定额是完成单位分部分项工程所需的人工、材料和机械台时消耗的数量标准。它是将完成单位分部分项工程项目所需的各个工序综合在一起的综合定额。预算定额由国家或地方有关部门组织编制、审批并颁发执行。

（二）预算定额的作用

（1）编制建筑安装工程施工图预算和确定工程造价的依据。

（2）对设计的结构方案进行技术经济比较，对新结构、新材料进行技术经济分析的依据。

（3）编制施工组织设计时，确定劳动力、材料和施工机械需用量的依据。

（4）工程竣工结算的依据。

（5）施工企业贯彻经济核算、进行经济活动分析的依据。

（6）编制概算定额的基础。

（7）编制标底和报价的参考。

（三）预算定额与施工定额的关系

预算定额的编制必须以施工定额的水平为基础。预算定额不是简单套用施工定额的水平，还考虑了更多的可变因素，如工序搭接的停歇时间；常用工具如施工机械的维修、保养、加油、加水等所发生的不可避免的停工损失；工程检查所需的时间；在施工中不可避免的细小的工序和零星用工所需的时间；机械在与手工操作的工作配合中不可避免地停歇时间；在工作班内机械变换位置所引起的难以避免的停歇时间和配套机械相互影响的损失时间；不可避免的中断、必要的休息、交接班以及班内工作干扰等。所以，确定预算定额水平时，要相对降低一些。根据我国的实践经验，一般预算定额应低于施工定额水平的 5%～7%。

预算定额是施工定额的人工、机械消耗量综合扩大后的数量标准。以混凝土工程为例，施工定额混凝土工程按配运骨料、水泥运输、施工缝处理、清仓、混凝土拌和、混凝土运输、浇筑、养护等工序分别设列子目。而预算定额是将完成 100m³ 混凝土浇筑所需的各工序综合在一起，按其部位、结构类型分别设列子目。

三、概算定额

（一）概算定额的概念

建筑工程概算定额也称为扩大结构定额，它规定了完成一定计量单位的扩大结构构件或扩大分项工程所需的人工、材料和机械台时的数量标准。

概算定额是以预算定额为基础，根据通用图和标准图等资料，经过适当综合扩大编制而成的。概算定额与预算定额之间允许有 5% 以内的幅度差。在水利工程中，从预算定额过渡到概算定额，一般采用 1.03～1.05 的扩大系数。

（二）概算定额的作用

（1）编制初步设计概算和修正概算的依据。

（2）编制机械和材料需用计划的依据。

（3）设计方案进行经济比较的依据。

（4）编制估算指标的基础。

四、估算指标

估算指标是在概算定额的基础上考虑投资估算工作深度和精度综合扩大10%。

五、定额编制的方法

定额编制的方法较多，常用的有以下几种。

（一）技术测定法

技术测定法是深入施工现场，采用计时观察和材料消耗测定的方法，对各个工序进行实测、查定、取得数据，然后对这些资料进行科学的整理分析，拟定成的定额。这种方法有较充分的科学依据，有较强的说服力，但工作量较大。它适用于产品品种少、经济价值大的定额项目。

（二）统计分析法

统计分析法是根据施工实际中的工、料、机械台班消耗和产品完成数量的统计资料，经科学的分析、整理，剔去其中不合理的部分后，拟定成的定额。

（三）调查研究法

调查研究法是和参加施工实践的老工人、班组长、技术人员座谈讨论，利用他们在施工实践中积累的经验和资料，加以分析整理而成的定额。

（四）计算分析法

这种方法大多用于材料消耗定额和一些机械（如开挖、运输机械）的作业定额的编制。其步骤为拟定施工条件、选择典型施工图、计算工程量、拟定定额参数，最终计算定额数量。

任务三　定额的使用

一、定额的组成内容

现行水利水电工程定额一般由总说明、分册分章说明、目录、定额表和有关附录组成，其中定额表是定额的主要组成部分。

《浙江省水利水电建筑工程预算定额（2010）》的定额表是以实物量的形式表示的，见表2-1。

表2-1　　　　　　　　　　74kW推土机推土　　　　　　　　　单位：100m³

项目	单位	土质类别	推运距离（m）						
			10	20	30	40	50	60	70
人工	工日		0.2	0.3	0.3	0.4	0.4	0.5	0.6
推土机　74kW	台班	Ⅰ、Ⅱ	0.18	0.22	0.26	0.32	0.37	0.43	0.50
推土机　74kW	台班	Ⅲ	0.20	0.24	0.29	0.35	0.41	0.48	0.56
推土机　74kW	台班	Ⅳ	0.22	0.26	0.32	0.39	0.45	0.53	0.62
其他机材费	%		5	5	5	5	5	5	5
定额编号			10 280	10 281	10 282	10 283	10 284	10 285	10 286

二、定额的使用

定额在水利水电工程建设经济管理工作中起着重要作用，工程造价管理人员必须熟练准确在使用定额。为此，必须做到以下几点。

（一）专业专用

水利水电工程除水工建筑物和水利水电设备安装外，一般还有房屋建筑、公路、铁路、输电线路、通信线路等永久性设施。水工建筑物和水利水电设备安装应采用水利、电力主管部门颁发的定额。其他永久性工程应分别采用所属主管部门颁发的定额，如铁路工程应采用铁道部颁发铁路工程定额，公路工程采用交通部颁发的公路工程定额。

（二）工程定额与费用定额配套使用

在计算各类永久性设施工程投资时，采用的工程定额应执行专业专用的原则，其费用定额也应遵照专业专用的原则，与工程定额相配套。如采用公路工程定额计算永久性公路投资时，应相应采用交通部门颁发的费用定额。

（三）定额的种类应与设计阶段相适应

可研阶段编制投资估算应采用估算指标；初设阶段编制概算应采用概算定额；施工招标阶段编制标底及报价应采用预算定额。如因本阶段定额缺项，需采用下一阶段定额时，应按规定乘过渡系数。按《浙江省水利水电工程设计概（预）算编制规定（2010）》（简称《编规（2010）》）规定，采用《预算定额（2010）》编制投资估算时，应乘 1.08 的扩大系数，采用《预算定额（2010）》编制概算时应乘 1.05 的扩大系数。

（四）熟悉定额的有关规定

由于各系统之间的标准、习惯有差异，故使用定额前应先阅读并熟悉总说明和有关章节说明、工作内容、适用范围，切忌按自己的习惯"想当然"。

三、定额使用举例

【例 2-1】　某渠道工程，采用浆砌石平面护坡，设计砂浆强度等级为 M10，砌石等料就近堆放，求每立方米浆砌石所需人工、材料预算用量。

解　（1）选用定额。查《浙江省水利水电建筑工程预算定额（2010）》，定额编号：30028，每 100m³ 砌体需消耗合计 100.7 工日，块石 113m³（码方），砂浆 35.3m³。由于砌石工程定额已综合包含了拌浆、砌筑、勾缝和场内的运料用工，故不需另计其他用工。

（2）确定砂浆材料预算用量。根据设计砂浆强度等级，查《浙江省水利水电建筑工程预算定额（2010）》附录 9 表 22 水泥砂浆材料用量表，每立方米砂浆主要材料预算量：水泥256kg，砂 1.10m³，水 0.154m³。

（3）计算每立方米浆砌石所需人工和材料用量。

人工	100.7÷100＝1.007（工日）
块石	113÷100＝1.13m³（码方）
水泥	256×35.3m³÷100＝90.37（kg）
砂	1.10×35.3m³÷100＝0.388（m³）
水	0.154×35.3m³÷100＝0.054（m³）

【例 2-2】　某河道堤防工程施工采用 1m³ 挖掘机挖装（Ⅲ类土），10t 自卸汽车运输，平均运距 3km，74kW 拖拉机碾压，土料压实设计干密度 16.66kN/m³，天然干密度 15.19kN/m³，堤防工程量 50 万 m³，每天三班作业，试求：（A＝4.93%）

（1）用 5 台拖拉机碾压，需用多少天完工？

（2）按以上施工天数，分别需用多少台挖掘机和自卸汽车？

解　（1）计算施工工期。查《浙江省水利水电建筑工程预算定额（2010）》拖拉机压实

一节，定额编号 10684，压实 100m³ 土方需要拖拉机 0.40 台班，则拖拉机生产率为

$$100 \div 0.40 = 250(\text{m}^3 / \text{台班})(\text{压实方})$$

即

$$250 \times 3 = 750[\text{m}^3 / (\text{台} \cdot \text{天})](\text{压实方})$$

5 台拖拉机每天的生产强度　　　$750 \times 5 = 3750$（m³/天）（压实方）

需要施工时间　　　　　　$50 \times 10^4 \div 3750 \approx 133.33$（天）

（2）计算挖掘机和自卸汽车数量。查《浙江省水利水电建筑工程预算定额（2010）》定额编号 10474，1m³ 挖掘机挖装（Ⅲ类土），10t 自卸汽车运 100m³ 土（自然方）需挖掘机和自卸汽车的台班数量分别为 0.20 台班和 1.96 台班。

1m³ 挖掘机生产率为　　$100 \div 0.2 = 500$（m³/台班）（自然方）

10t 自卸汽车生产率　　$100 \div 1.96 = 51.02$（m³/台班）（自然方）

挖运施工强度

$$\frac{50 \times 10^4}{133 \times 3} \times \frac{16.66}{15.19} \times (1 + 4.93\%) = 1442.16(\text{m}^3 / \text{台班})(\text{自然方})$$

则挖掘机数量　　$1442.16 \div 500 \approx 3$（台）

自卸汽车数量　　$1442.16 \div 51.02 \approx 29$（台）

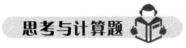

思考与计算题

一、思考题

1. 施工定额和预算定额分别以什么标准来编制？为什么？

2. 试述施工定额、预算定额、概算定额的区别与联系。

3. 怎样正确使用定额？

二、计算题

1. 某浆砌石拱圈工程，设计砂浆强度等级为 M15，砌石等材料已运至工地就近堆放，求每立方米浆砌石所需人工、材料预算耗用量。

2. 某心墙土石坝工程，坝壳采用砂砾料填筑，Ⅳ类土。要求日上坝强度 6000m³，三班作业，采用 2m³ 挖掘机挖装土 15t 自卸汽车运输上坝，运距 2km，挖运填筑施工综合系数为 2.2%，压实干密度 19.6kN/m³，天然干密度 18.62kN/m³。求需用挖掘机与自卸汽车数量（不包括备用量）。

项目三 水利水电工程基础单价

重点提示

1. 了解人工预算单价的组成；
2. 掌握材料预算单价的计算；
3. 掌握电、风、水单价的计算；
4. 掌握施工机械台班费的计算；
5. 掌握砂石料单价的计算。

水利工程造价基础价格包括人工预算单价，材料预算单价，施工用电、风、水单价，施工机械台班费，砂石料单价共五项。

人工、材料和施工机械使用费构成建筑安装工程费的主体，在水利水电工程总投资中占有很大的比重，所以合理确定基础价格对预测工程造价、选择合理的设计方案、控制工程投资有重要的意义。

任务一 人 工 预 算 单 价

人工预算单价是指在编制概算过程中，用以计算生产工人人工费用所采用的人工费标准。

人工预算单价的组成内容和标准，在不同的时期、不同的部门、不同的地区，都是不相同的。因此，人工预算单价的计算应根据工程性质和隶属关系，采用相应主管部门的规定进行。

根据《编规（2010）》规定，浙江省不分工程类别和工资等级，采用统一人工预算单价。

一、人工预算单价组成

（一）基本工资

基本工程由岗位工资和非作业天工资组成。

（1）岗位工资，指按照职工所在岗位各项劳动要素测评结果确定的工资。

（2）非作业天工资，指生产工人年应工作天数以内非作业天数工资，包括生产工人开会学习、培训期间的工资，调动工作、探亲、休假期间的工资，因气候影响的停工工资，女工哺乳期间的工资，病假在六个月以内的工资及产、婚、丧假期的工资。

非作业天工资系数 = 年非作业天数（17 天）÷ 年应工作天数（250 天）= 0.068

基本工资（元／日）= 基本工资标准（元／月）× 12 月 ÷ 年应工作天数 × 1.068

（二）辅助工资

辅助工资指在基本工资之外，以其他形式支付给生产工人的工资性收入，包括根据国家有关规定属于工资性质的各种津贴，主要包括艰苦边远地区津贴、施工津贴、夜餐津贴、节假日加班津贴等。

辅助工资（元/工日）＝各种津贴标准（元/月）×12月÷年应工作天数×1.068

（三）工资附加费

《浙江省水利工程造价计价依据（2010）》仅指职工福利费和工会经费。

（1）职工福利费，指按照国家规定标准计算的职工福利费。

职工福利费（元／工日）＝［基本工资（元／工日）＋辅助工资（元／工日）］×费率标准（％）

（2）工会经费，指按照国家规定标准计算的工会经费。

工会经费（元／工日）＝［基本工资（元／工日）＋辅助工资（元／工日）］×费率标准（％）

二、人工预算单价计算

根据浙江省工资标准和年应工作天数（250天），《浙江省水利工程造价计价依据（2010）》不分工程类别和工资等级，取人工预算单价为48.76元/工日。

表 3-1 人工预算单价计算表

序号	项目	计算公式	计算值	计算依据
1	基本工资	工资标准820元×12月÷250天×1.068	42.04	浙政发〔2008〕49号
2	辅助工资			列入基本工资
3	职工福利费	(1+2)×14％	5.89	国税发〔1992〕166号
4	工会经费	(1+2)×2％	0.84	国税发〔1992〕166号
5	合 计		48.76	

注 1. 年应工作天：365天－双休104天－节假日11天＝250天。

2. 年应工作天数以内非作业天数，根据水利部水总（2002）116号标准取17天，非作业天工资系数为1.068。

3. 工资标准：根据浙政发〔2008〕49号规定：2008年9月1日起，浙江省最低月工资标准调整为960、850元、780元、690元四档。《编规（2010）》取平均值为（960＋850＋780＋690)/4＝820（元/月）；该标准包括了基本工资和辅助工资。

4. 海岛地区工程按当地政府有关部门颁发的海岛津贴标准，以年250工作天折算直接计入人工预算单价。

三、人工预算单价的说明

（1）根据浙水建〔2012〕49号文，一、二类人工预算单价调整为72.6元/工日（含机上人工），三类人工预算单价调整为69.6元/工日（含机上人工）。

（2）浙水建〔2012〕49号文同时规定，在计算工程综合单价时，人工预算单价采用48.76元/工日为基数的预算补差形式计列。

任务二 材 料 预 算 单 价

材料是指用于建筑安装工程中，直接消耗在工程上的消耗性材料、构成工程实体的装置性材料和施工中重复使用的周转性材料。材料费是建筑安装工程投资的重要组成部分，所占比重一般在30％以上。因此，正确计算材料预算价格对于准确地确定工程投资具有重要意义。

材料预算单价是指材料自购买地运至工地分仓库（或相当于工地分仓库的材料堆放场地）的出库价格。材料从工地分仓库至施工现场用料点的场内运杂费已计入定额内。材料预算单价如图3-1所示。

一、材料分类

1. 按其对工程投资的影响程度

按其对工程投资的影响程度不同，可分为主要材料和其他材料。

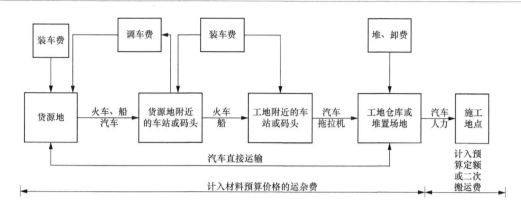

图 3-1　材料预算单价计算示意图

（1）主要材料。主要材料指在施工中用量大或用量虽小但价值很高，对工程造价影响较大的材料。这类材料的价格应按品种进行详细计算。

水利水电工程常用的主要材料通常指水泥、钢材、木材、柴油、炸药、砂石料六项，但可根据工程具体情况进行增减。如大体积混凝土掺用粉煤灰，或大量采用沥青混凝土防渗的工程，可将粉煤灰、沥青视为主要材料；而对石方开挖量很小的工程，则炸药可不作为主要材料。

（2）其他材料。其他材料又称次要材料，指施工中用量少，对工程造价影响较小的除主要材料外的其他材料。这部分材料价格不需要逐一计算。

2. 按采购方式划分

按采购方式不同，可分为外购材料和自产材料。

3. 按材料性质划分

按材料性质不同可分为消耗性材料（如水泥、炸药、电焊条、油料等）、周转性材料（如模板、支撑件等）和装置性材料（如管道、轨道、电缆等）。

二、主要材料预算单价的组成及计算

主要材料预算单价一般包括材料原价、包装费、运杂费、运输保险费、采购及保管费五项，其计算公式为

材料预算单价 ＝（材料原价＋包装费＋运杂费）×（1＋采购及保管费率）＋运输保险费

（一）材料原价

材料原价，指材料在供应地点的交货价格，是计算材料预算价格的基值。在市场经济条件下，材料的采购，均通过公开招标确定供货厂家。由于初设时，采购招标尚未进行，因此材料原价按当时当地市场调查价计算。

编制概（预）算时，对影响工程投资较大的主要外购材料如水泥、钢材、木材、柴油、炸药、砂石料等进行预算单价编制。其材料原价的选用为当时当地市场价。其代表品种或规格为：

（1）水泥：按设计技术要求选定。一般选用 42.5 级普通水泥。

（2）钢材，包括钢筋、钢板及型钢按市场价计算。钢筋代表规格采用碳素结构钢筋，直径为 16～18mm，低合金钢采用 20MnSi 直径为 20～25mm，二者比例由设计确定。钢板的代表规格、型号和比例，按设计要求确定。

（3）木材：以原条长 8～10m，中径 14～18cm；圆木长 2～4m。稍径 18～28cm 为代表。松、杉比为 8∶2 组合。板枋材的出材率按 60%～70% 控制。

（4）柴油：以 0 号柴油为代表。

（5）炸药：采用乳化炸药。

外购砂石料：按设计要求的规格。

块石、砂石料等当地材料如自行开采的，则按开采方式，根据定额编制预算价格。

（二）包装费

包装费指为便于材料的运输或为保护材料而进行包装所需的费用，其费用按照包装材料的品种、价格、包装费用和正常的折旧摊销计算。一般材料的包装费均已包括在材料原价内，不再单独计算。

（三）运杂费

运杂费指材料由交货地点至工地分仓库或相当于工地分仓库的材料堆放场地所发生的各种运载工具的运费、调车费和装卸费等全部费用。由工地分仓库至各施工点的运输费用，已包括在定额内，在材料预算价格中不予计算。

浙江省水利工程以中小型为主，其外购材料的原价基本上取用当时当地市场调查价。因此，材料运杂费仅指工程所在地附近城市运至工地所发生的运杂费，基本上以公路运输为主。在《浙江省水利工程造价计价依据（2010）》编制规定中对运价不作统一规定。根据运输方式，按当地交通部门的有关规定或市场价格计算。

运杂费计算中应注意的几个问题：

（1）材料运输流程指材料由交货地点即工程所在地区城市至工地分仓库的运输方式和转运环节。在制订材料采购计划时，可根据工地实际情况选取合理的运输方案，以提高运输效益，节约成本，降低工程造价。编制材料预算价格时，最好先绘出运输流程示意图，以免计算运杂费时发生遗漏和重复。

（2）运量比例。一个工程有两种以上的对外交通方式，就需要确定在各种运输方式中所占的比例。

（3）整车与零担比例。整车与零担比例系指火车运输中整车和零担货物的比例，又称"整零比"。其比例主要视工程规模大小决定。工程规模大，批量就大，整车比例就高。

（4）装载系数。在实际运输过程中，由于材料批量原因，可能装不满一整车而不能满载；或虽已满载，但因材料容重小其运输重量不能达到标记吨位；或为保证行车安全，对炸药类危险品也不允许满载。这样就存在实际运输重量与运输车辆标记载重量不同的问题，而交通部门是按标记载重量收取费用的（整车运输）。

$$装载系数 = \frac{实际运输重量}{运输车辆标记载重量}$$

装载系数应根据运输方式确定。考虑装载系数后的实际运价计算为

$$实际运价 = 规定运价 / 装载系数$$

（5）毛重系数。材料毛重指包括包装品重量的材料运输重量。单位毛重则指单位材料的运输重量。

运输部门不是以物资的实际重量计算运费，而是按毛重计算运费，故材料运输费中还要考虑材料的毛重系数。

$$毛重系数 = \frac{毛重}{净重} = \frac{物资实际重量 + 包装品重量}{物资实际重量}$$

$$单位毛重 = 材料单位重量 \times 毛重系数$$

建筑材料中，水泥、钢材、汽油、柴油的单位毛重量与材料单位重量基本一致；木材的单位重量与材质有关，一般为 $0.6 \sim 0.8 t/m^3$，毛重系数为 1.0；炸药毛重系数为 1.17；汽油、柴油采用自备油桶运输时，其毛重系数，汽油为 1.15，柴油为 1.14。

但由于目前浙江省市场运价中，运输部门在进行运价报价时均已包含了上述各类因素，其运价已经是一个综合性的价格。因此，在编制材料预算价格的运输费时，均不需要另行考虑以上因素。

（四）运输保险费

材料运输保险费是指向保险公司交纳的货物保险费。其计算公式为

$$材料运输费 = 材料原价 \times 材料运输保险费率$$

（五）材料采购及保管费

材料采购及保管费，指负责材料的采购、供应和保管过程中所发生的各项费用。其主要内容包括：

（1）各级材料的采购、供应及保管部门工作人员的各类工资、办公费、差旅交通费及工具用具使用费等项费用。

（2）仓库、转运站等设施的检修费、固定资产折旧费、技术安全措施费，以及材料的检验、试验费等。

（3）材料在运输、保管过程中发生的损耗。

采购及保管费计算公式为

$$材料采购及保管费 = （材料原价 + 包装费 + 运杂费）\times 采购及保管费率$$

采购及保管费率按规定计算。浙江省现行标准为 3.0%（其中工地仓库保管费为 1.5%）。

外购砂石料由于用量较大，且为当地就近采购，因此浙江省一般不计采购及保管费，但可以另行计取运输、保管过程中发生的损耗。

三、其他材料预算价格计算

其他材料预算价格一般不作具体计算，可以参照工程所在地区就近市、县政府有关部门颁发的建设工程造价信息中的价格，加运至工地的运杂费用，作为这类材料的预算价格。

四、取费基价及预算价限价

为了避免材料市场价格起伏变化，造成间接费、利润相应的变化，浙江省对进入工程直接费的主要材料规定了统一的预算价格（即预算价限价），按此价格进入工程单价计取有关费用（措施费、间接费、利润）。这种预算价格由主管部门发布，在一定时间内固定不变，称取费基价。

为了避免因按市场价偏高的材料预算价格影响造价预测的合理性，《编规（2010）》规定：进入工程直接费的主要材料（水泥、钢材、柴油、炸药、外购砂石料等）预算价限价按下表计算（计算电、风、水、砂石料等基础价格时除外）。外购砂、石料包括砂、碎石（砾石）、块石。外购由专业厂家制作的成品构件限价按预算价格的 50%。超过限价部分作为材料预算价差，计取税金后列入相应单价内。实际材料预算价格低于限价的按实价计算，见表 3-2。

表 3-2 　　　　　　　　　　　　　　主要材料预算限价表

序号	材料名称	单位	限价（元）	序号	材料名称	单位	限价（元）
1	水泥	t	300	6	商品混凝土	m³	150
2	钢材	t	3000	7	外购条石	m³	300
3	柴油	t	3000	8	外购沥青混凝土	m³	450
4	炸药	t	6000	9	外购抛石（天然混合配料）	m³	30
5	外购砂、石料	m³	60				

编制概预算时，材料限价将增加编制人员的工作量。以后将对预算定额中的类似材料进行数量统计，并采用电算化以减少工作量。

五、材料预算价格计算示例

【例 3-1】 某水利工地使用强度等级为 42.5 的普通水泥，系本省境内甲厂和乙厂供应。已知：水泥交货价均为 350 元/t，供货比例为甲厂：乙厂＝60：40，厂家运至工地水泥储料罐的运杂费（含上罐费）分别为：甲厂 110 元/t，乙厂 150 元/t，水泥运输保险费的计算是按当地有关规定取材料原价的 0.2%，计算该种水泥的预算价格。

解 甲厂水泥预算价格为
$$(350+110)\times(1+3\%)+350\times0.2\%=474.50(元/t)$$
乙厂水泥预算价格为
$$(350+150)\times(1+3\%)+350\times0.2\%=515.70(元/t)$$
水泥综合预算价格 $=474.50\times60\%+515.70\times40\%=490.98(元/t)$

任务三　施工用电、风、水单价

电、风、水在水利水电工程施工中耗用量大、其价格将直接影响到施工机械台班费的高低。因此，编制电、风、水预算价格时，应根据施工组织设计确定的电、风、水的供应方式、布置形式、设备配置情况等资料分别计算。

一、施工用电价格

水利水电工程施工用电，一般有两种供电方式：由国家或地区电网及其他电厂供电的外购电和由施工企业自建发电厂供电的自发电。

施工用电的分类，按用途可分为生产用电和生活用电两部分，生产用电系直接计入工程成本的生产用电。具体包括施工机械用电、施工照明用电和其他生产用电。生活用电系指生活文化福利建筑的室内、外照明和其他生活用电。概算中的电价计算范围仅指生产用电。生活用电不直接用于生产，应在间接费内开支或由职工负担，不在施工用电电价计算范围内。

（一）电价的组成

施工用电价格，由基本电价、电能损耗摊销费和供电设施维修摊销费组成。

1. 基本电价

（1）外购电的基本电价，指按规定所需支付的供电价格。包括电网电价及各种按规定的加价。

（2）自发电的基本电价，指发电厂发电成本（包括柴油发电厂、燃煤发电厂和水力发电厂等）。

2. 电能损耗摊销费

（1）外购电的电能损耗摊销费，指从施工企业与供电部门的产权分界处起到现场各施工点最后一级降压变压器低压侧止，所有变配电设备和输配电线路上所发生的电能损耗摊销费。具体包括由高压电网到施工主变压器高压侧之间的高压输电线路损耗和由主变压器高压侧至现场各施工点最后一级降压变压器低压侧之间的变配电设备和输配电线路损耗两部分。

从最后一级降压变压器低压侧至施工用电点的施工设备和低压配电线路损耗，已包括在各用电施工设备、工器具的台班耗电定额内，电价中不再考虑。

（2）自发电的电能损耗摊销费，指施工企业自建发电厂的出线侧至现场各施工点最后一级降压变压器底侧止，所有变配电设备和输配电线路上发生的电能损耗费用。

（3）供电设施摊销费，指摊入电价的变配电设备的基本折旧费、修理费、安装拆卸费、设备及输配电线路的运行维修费。

（二）电价计算

1. 外购电电价

外购电的电价计算公式为

$$外购电价 = \frac{基本电价}{(1-高压输电线路损耗率)(1-场内输变电损耗率)} + 场内输变电维护摊销费$$

式中　　　　外购电价——单位为元/kWh；

基本电价——按国家及各省、市、自治区物价主管部门规定的电价确定；

高压输电线路损耗率——取 3%～5%；

场内输变配电损耗率——按 5%～8% 计取，线路短、用电负荷集中的取小值，反之取大值；

场内输变电维护摊销费——取 0.02～0.03 元/(kW·h)。

在预算阶段，应根据实际工程中用电计量的位置来确定是否计算高压输电线路损耗和场内输变配电损耗。如用电计量在施工主变压器高压侧，则对施工企业而言，不存在高压输电线路损耗。如用电计量在最后一级降压变压器低压侧，则对施工企业而言，不存在高压输电线路损耗和场内输变配电损耗。

为供电所架设的线路，建造的发电厂房、变电站等费用，按现行规定列入临时工程相应项目内，不能直接摊入电价成本。

2. 自备柴油发电厂电价

自备柴油发电厂电价的计算，根据冷却水的供水和循环方式可分别采用下述公式计算：

（1）专用水泵供给冷却水计算式为

$$电价 = \frac{\binom{柴油发电机组班总费用}{+水泵组班总费用}}{\binom{柴油发电机额定容量之和 \times 8h}{\times K \times (1-厂用电率)}} \div (1-场内输变电损耗率)$$
$$+ 场内输变电维护摊销率$$

（2）采用循环冷却水计算式为

$$电价 = \cfrac{柴油发电机组班总费用}{\left(\begin{array}{c}柴油发电机额定容量之和 \times \\ 8h \times K \times (1 - 厂用电率)\end{array}\right)} \div (1 - 场内输变电损耗率) + 循环冷却水费$$

$$+ 场内输变电维护摊销费$$

上述两公式中　　K——发电机出力系数，又称能量利用系数，可取 $0.8 \sim 0.85$；厂用电率取 $3\% \sim 5\%$。

循环冷却水费，因耗水量较小，对电价影响不大，可直接以经验指标 [元/(kW·h)] 摊入计算，浙江省为 0.03 元/(kW·h)。

场内输变电损耗率，以及场内输变电维护摊销费计算同外购电计算。

这里需要注意的是，一般柴油发电只作备用，占供电比例甚小。按上述方法计算，往往远远不敷设备折旧和运行值班人员开支，采用年柴油发电成本（不包括厂房、线路等费用）的方法可能更为合理。

3. 综合电价

外购电与自发电的电量比例按施工组织设计确定。有两种或两种以上供电方式供电时，综合电价根据供电比例加权平均计算。

4. 经验公式

仅在方案比较阶段使用。

$$电价 = 0.33\text{kg/(kW·h)} \times 柴油单价 \div [(1 - 场内输变电损耗率) + 0.27 \text{元/(kW·h)}]$$

式中　　0.33kg/(kW·h)——单位油耗；

0.27 元/(kW·h)——不变费用（包括机械台班中第一类费用及机上人工工资）。

二、施工用水

水利水电基本建设工程的施工用水，包括生产用水和生活用水两部分。生产用水指直接进入工程成本的施工用水，包括施工机械用水、砂石料筛洗用水、混凝土拌制养护用水、钻孔灌浆生产用水等。生活用水主要指用于职工、家属的饮用和洗涤的用水。概算中施工用水的水价，仅指生产用水的水价。生活用水应由间接费用开支和职工自行负担，不属于水价计算范畴。如生产、生活用水采用同一系统供水，凡为生活用水而增加的费用（如净化药品费等），均不应摊入生产用水的单价内。生产用水如需分别设置几个供水系统，则可按各系统供水量的比例加权平均计算综合水价。

（一）水价的组成

施工用水价格由基本水价、供水损耗摊销费和供水设施维修摊销费组成。

1. 基本水价

基本水价是根据施工组织设计确定的高峰用水量所配备的供水系统设备，按台班产量分析计算的单位水量的价格。该价格是构成水价的基本部分，其高低与生产用水的工艺要求及施工布置有关，如扬程高、水质需作沉淀处理等时，水价就高；反之就低。

2. 供水损耗摊销费

损耗是指施工用水在储存、输送、处理过程中的水量损失。在计算水价时，损耗通常以损耗率的形式表示

$$损耗率(\%) = \cfrac{损失水量}{水泵总流量} \times 100\%$$

储水池、供水管路的施工质量，以及运行中维修管理的好坏，对损耗率的大小影响较大。损耗率一般可按出水量的 10%～15% 计取。供水范围大、扬程高，采用二级以上泵站供水系统的取大值，反之取小值。

3. 供水设施维修摊销费

供水设施维修摊销费系指摊入水价的水池、供水管路等供水设施的维护修理费用。一般情况下，该项费用难以准确计算，可按经验指标（0.02～0.03 元/m³）摊入水价。

（二）水价计算

1. 施工用水价格

根据施工组织设计所配置的供水系统设备组班总费用和组班总有效供水量计算，计算公式为

$$水价 = \frac{水泵组班总费用}{水泵额定容量之和 \times 8h \times K \times (1 - 损耗量)} + 供水设施维修摊销费$$

式中　K——水泵出力系数，可取 0.75～0.85。

2. 在投资估算和方案比较阶段

可采用简化法计算水价，简化法水价计算公式为

$$水价 = (电价 \times 0.7 + 0.04) \times 1.15 + 0.02$$

式中　0.7——每立方米水耗电量，kW·h/m³；

　1.15——管路损耗系数；

　0.02——管路维护费，元/m³；

　0.04——台班费中的不变费用，元/m³。

（三）水价计算注意问题

（1）水泵台班总出水量计算，应根据施工组织设计选定的水泵型号、系统的实际扬程和水泵性能曲线确定。

（2）在计算台班总出水量和台班总费用时，如计入备用水泵的出水量，则台班总费用中亦应包括备用水泵的台班费。如备用水泵的出水量不计，则台班费也不包括。

（3）供水系统为一级供水，台班总出水量按全部工作水泵的总出水量计算。供水系统为多级供水，则

1）当全部水量通过最后一级水泵出水，台班总出水量按最后一级工作水泵的出水量计算，但台班总费用应包括所有各级工作水泵的台班费。

2）有部分水量不通过最后一级，而由其他各级分别供水时，其台班总出水量为各级出水量的总和。

3）当最后一级系供生活用水时，则台班总出水量包括最后一级，但该级台班费不应计算在台班总费用内。

三、施工用风

水利水电工程施工用风主要用于石方、混凝土、金属结构和机电设备安装等工程风动机械所需的压缩空气。

压缩空气可由固定式空压机或移动式空压机供给。前者供风量大，可靠性高，成本较低，易适应负荷变化。后者机动灵活、管路短、损耗少，临时设施简单。为保证风压，减少管路损耗，顾及施工初期及零星工程用风需要，一般工程过去多采用分区布置供风系统，以

由多台固定式压风机组成的压风厂为主，并辅以适量的移动式压风机，这时风价应按各系统供风量的比例加权平均计算。

采用移动空气压缩机供风时，宜与用风的施工机械配套，以空压机台班数乘台班费直接进入工程单价，不再计算其风价。

（一）风价的组成

施工用风价格，由基本风价、供风损耗摊销费和供风管道维修摊销费组成。

1. 基本风价

基本风价根据施工组织设计所配置的供风系统设备，按台班总费用除以台班总供风量计算的单位风量价格。

2. 供风损耗摊销费

供风损耗摊销费，是指由压气站至用风工作面的固定供风管道，在输送压气过程中所发生的风量损耗摊销费用。其大小与管路敷设质量好坏、管道长短有关。损耗率可按总用风量的 10%～15% 计算，供风管路短的，取小值，长的取大值。

风动机械本身的用风及移动的供风管道损耗已包括在该机械的台班耗风定额内，不在风价中计算。

3. 供风管道维修摊销费

供风管道维修摊销费指摊入风价的供风管道维护修理费用。因该项费用数值甚微，初步设计阶段常不进行具体计算，而采用经验指标值。浙江省取 $0.002\sim0.003$ 元/m^3。

（二）风价计算

施工用风价格，根据冷却水的不同供水方式计算。

1. 采用水泵供水

$$风价（元/\mathrm{m}^3）=\dfrac{空压机组班总费用＋小泵组班总费用}{空压机额定容量之和×8\mathrm{h}×60\mathrm{min}×K×（1－供风损耗率）}$$
$$＋供风管道维修摊销费$$

2. 采用循环冷却水

$$风价（元/\mathrm{m}^3）=\dfrac{空压机组班总费用＋小泵组班总费用}{空压机额定容量之和×8\mathrm{h}×60\mathrm{min}×K×（1－供风损耗率）}$$
$$＋循环冷却水费＋供风管道维修摊销费$$

以上两式中　K——空压机出力系数，可取 0.75～0.85；循环冷却水费可按 0.005 元/m^3 摊入。

3. 在投资估算和方案比较阶段

可采用简化计算，其计算公式为

$$风价 =（电价×0.13＋0.02）×1.15＋0.002$$

式中　0.13——耗电指标，$\mathrm{kW\cdot h/m^3}$；

　　　0.02——压风机台班费中的不变费用，元/m^3；

　　　1.15——管路损耗系数；

　0.002——维修摊销费。

四、施工用电、风、水价格计算示例

【例3-2】　某工程施工用电来源于电网，电网基本电价为 0.9 元/$(\mathrm{kW\cdot h})$，试计算施工用电电价。

已知高压输电线路损耗率取 5%，场内输电线路损耗率取 8%。

解
$$A = \frac{0.9}{(1-5\%)(1-8\%)} + 0.03 = 1.06$$

外购电网电价为 1.06 元/(kW·h)。

【例 3-3】　某工程选用的单级离心水泵为 $Q=60\text{m}^3/\text{h}$，$P=17\text{kW}$，试计算施工用水的水价。（已知 17kW 的台班费为 175.51 元，K 取 0.75）

解　水价 $A = \dfrac{175.51\ \text{元/台班}}{60\text{m}^3/\text{h} \times 8\text{h} \times 0.75 \times (1-10\%)} + 0.02 = 0.56\ \text{元 m}^3$

任务四　施工机械台班费

机械化施工是水利水电工程建设发展的必然趋势，是保证工程质量、缩短建设工期、提高投资效益的重要手段。近年来，浙江省水利工程施工机械化程度正在日益提高，施工机械使用费在建筑安装费中所占比重不断上升。因此，正确计算施工机械台班费对合理确定水利工程造价十分重要。

施工机械台班费是指一台施工机械在一个作业班时间内（称为一个"台班"），为使机械正常运转所支出和分摊的各项费用之和。台班费是计算建筑安装工程单价中机械使用费的基础单价。

一、施工机械台班费的组成

现行水利水电工程施工机械台班费由一类费用和二类费用组成。

（一）一类费用

第一类费用是由基本折旧费、大修理费、经常性修理费和安装拆卸费等费用组成。施工机械台班费定额中，一类费用按定额编制年的物价水平以金额形式表示，编制台班费时应按主管部门发布的调整系数进行调整。

（1）基本折旧费，指机械在规定使用期内回收原值的台班折旧摊销费用。

（2）大修理费，指机械使用过程中，为了使机械保持正常功能而进行大修理所需的摊销费用。

（3）经常性修理费，指机械维持正常运转所需的经常性修理、日常保养所需的润滑材料、保管机械、设备用品及随机使用的工具附具等摊销所需费用。

（4）安装拆卸费，指施工机械进出入施工现场的安装、拆卸、试运转、场内转移及辅助设施的摊销费（大型机械单列）。

部分大型机械（如 3m³ 以上挖掘机、混凝土拌和楼、缆索起重机、门座式起重机以及大型河道疏浚机械等）（台班定额中带 ﹡ 号）的安拆费不在台班费中计列，按现行《编规（2010）》规定已包括在其他临时工程项内。

（二）二类费用

二类费用是指施工机械正常运转时机上人工及动力、燃料消耗费。在施工机械台班费定额中，以台班实物消耗量指标表示。编制台班费时，其数量指标一般不允许调整。

本项费用取决于每班机械的使用情况，只有在机械运行时才发生。

（1）机上人工费，指机械运转时应配备的机上操作人员。

（2）动力燃料费，指保持机械正常运转时所消耗的固体、液体燃料和风、水、电等。

$$二类费用 = \Sigma(机上人工及动力燃料消耗量) \times 相应单价$$

式中　相应单价——工程所在地编制年的人工预算单价和材料预算价格。

二、施工机械台班费的编制

当施工组织设计选取的施工机械在台班费定额中缺项，或规格、型号不符时，必须编制施工机械台班费，其水平要与同类机械相当。编制时一般依据该机械价格、年折旧率、年工作台班、额定功率以及额定动力或燃料消耗量等参数，按施工机械台班费定额的编制方法进行编制。

（一）一类费用

1. 基本折旧费

$$台班基本折旧费 = \frac{机械预算价格 \times (1 - 残值率)}{机械寿命台班}$$

（1）机械预算价格。

1）进口施工机械预算价格，包括到岸价、关税、增值税（或产品税）调节税、进出口公司手续费和银行手续费、国内运杂费等项费用，按国家现行有关规定和实际调查资料计算。

2）国内机械预算价格 = 设备出厂价 + 运杂费（其中运杂费一般按设备出厂价的 5% 计算）。

3）公路运输机械，如汽车、拖车、公路自行机械等，按国务院发布的《车辆购置附加费征收办法》规定，需增加车辆购置附加费。

（2）残值率，指机械达到使用寿命需要报废时的残值，扣除清理费后占机械预算价格的百分率。一般可取 2%～5%。

（3）机械寿命台班，寿命台班又称耐用总台班，系指机械按使用台班数计算的服务寿命。其值根据不同机械的性能确定。

$$寿命台班 = 使用年限 \times 年工作台班$$

式中　使用年限——该种机械从使用到报废的平均工作年数；

年工作台班——该种机械在使用期内平均全年运行的台班数。

2. 修理费及安装拆卸费

该四项费用根据选用的设备容量、吨位、动力等，是否在台班费定额范围内，分别按以下方法计算：

（1）选用设备的容量、吨位、动力等，在定额范围内，按定额相应设备种类中的各项费用占基本折旧费的比例计算。

（2）选用设备的容量、吨位、动力等，大于台班费定额的，按定额相应设备种类机械，计算出各项费用占基本折旧费的比例后，再乘以 0.8～0.95 系数。设备容量、吨位或动力接近定额取大值，反之取小值。

（二）二类费用

1. 机上人工费

$$台班机上人工费 = 机上人工工日数 \times 人工预算单价$$

机上人员，指直接操纵施工机械的司机、司炉及其他操作人员。机械人工工日数，按机械性能、操作需要和三班制作业等特点确定。一般配备原则为：

（1）一般中小型机械，原则上配一人。

（2）大型机械，一般配二人。

（3）特大型机械，根据实际需要配备。

（4）一人可照看多台同时运行的机械（如水泵等），每台配少于一人的人工。

（5）为适应三班作业需要，部分机械可配备大于一人小于二人的人工。

（6）操作简单的机械，如风钻、振捣器等；及本身无动力的机械，如羊足碾等，在建筑工程定额中计列操作工人，台班费定额中不列机上人员。

编制机械台班费定额时可参照同类机械确定机上人工工日数。

2. 动力、燃料费

$$台班电能 = \frac{电动机额定功率 \times 8h \times 时间利用系数 \times 电机能量利用系数}{电机效率 \times 低压线路损耗系数}$$

$$台班油耗 = 额定耗油量(kg/h) \times 8h \times 额定功率 \times 发动机综合利用系数$$

任务五 砂石料单价

砂石料是水利水电工程中的主要建筑材料，包括砂、砾石、碎石、块石、条石等。由于其用量大且大多由施工单位自行采备，砂石料单价的高低对工程投资影响较大，因此必须单独编制其单价。

砂石料单价一般包括：覆盖层清除摊销、混合料（原料）开采运输、混合料（原料）筛洗加工、成品料运输、弃料处理及摊销、各运输及堆存环节的损耗等。

一、砂石料概述

（一）砂石料

砂石料是指砂、砾石、碎石、块石、条石等当地材料，其中黄砂和砾（碎）石统称骨料，是基本建设工程中混凝土和堆砌石等构筑物的主要建筑材料，它的单价计算比较复杂，本节将重点介绍。

在水利水电工程建设中，骨料生产强度高，且使用集中，用量大，一般均由施工单位自行开采，并形成机械化联合作业的生产系统进行加工。

水工混凝土由于工作条件的原因，一般均有抗渗、抗冻等要求，因此十分重视骨料质量。骨料的强度、抗冻性、化学稳定性等指针，主要靠选用料源（料场）来满足，颗粒级配及杂质含量则靠加工工艺流程来解决。

水利水电工程骨料单价高低，对工程造价有较大影响，因此单价计算必须具有可靠的地勘、试验资料，根据料场规划，生产流程，合理的选用定额进行分析计算。

（二）砂石料分类

骨料根据料源情况可分为以下类型。

1. 天然骨料

天然骨料是指开采砂砾料，经筛分、冲洗、加工而成的砾石和砂，有河砂、海砂、山砂、河卵石、海卵石等。

2. 人工骨料

人工骨料是用爆破方法，开采岩石作为原料（块石、片石统称碎石原料），经机械破碎、碾磨而成的碎石和机制砂（又称人工砂）。

（三）砂

砂又称细骨料，粒径为 0.15～5mm，天然砂是由岩石风化而形成的大小不等，由不同矿物散粒（石英、长石）组成的混合物。人工砂是爆破岩石，经破碎、碾磨而形成，也可用砾石破碎，碾磨制砂。

（四）砾石、碎石

1. 概念

砾石、碎石又称粗骨料，粒径大于 5mm，砾石由天然砂石料中筛取，碎石用开采岩石或大砾石经人工或机械加工而成。

2. 级配

级配，将各级粗骨料颗粒，按适当比例配合，使骨料的空隙率及总面积都较小，以减少水泥用量，达到要求的和易性。混凝土粗骨料级配分为四级，见表 3-3。

表 3-3　　　　　　　　　　　　混凝土粗骨料级配表

级配	量大粒径（mm）	粒径组成（mm）			
一级配	20	5～20			
二级配	40	5～20	20～40		
三级配	80	5～20	20～40	40～80	
四级配	150（120）	5～20	20～40	40～80	80～150

上述骨料级配为连续级配，在工程中为充分利用料源也可采用间断级配，采用间断级配必须要进行充分试验论证。

一般天然骨料级配达到表 3-4 所示比例，基本满足设计级配需要。

表 3-4　　　　　　　　　　　　骨料级配参考表

粒径（mm）	5～20	20～40	40～80	80～150
四级配（%）	15～25	15～25	25～35	35～45
三级配（%）	25～35	25～35	35～50	
二级配（%）	45～60	40～55		

3. 最大粒径

最大粒径是指粗骨料中最大颗粒尺寸。粗骨料最大粒径增大，可使混凝土骨料用量增加，减少空隙率，节约水泥，提高混凝土密实度，减少混凝土发热量及收缩。据试验资料，粗骨料最大粒径为 150mm。最大粒径的确定与混凝土构件尺寸，有无钢筋有关，混凝土施工技术规范有明确规定。

二、骨料单价计算的基本方法

常用的骨料单价计算方法有两种，一是系统单价法，二是工序单价法。

（一）系统单价法

系统单价法是以整个砂石料生产系统（从料源开采运输起到骨料运至拌和楼（场）骨料料仓（堆）止的生产全过程）为计算单元，用系统的班生产总费用除以系统班骨料产量求得

骨料单价，计算公式为

$$骨料单价 = \frac{系统生产总费用}{系统骨料产量}$$

系统生产总费用中的人工费按施工组织设计确定的劳动组合计算的人工数量，乘相应的人工单价求得。机械使用费按施工组织设计确定的机械组合所需机械型号、数量分别乘相应的机械台班单价，材料费则可按有关定额计算。

系统产量应考虑施工期不同时期（初期、中期、末期）的生产不均匀性等因素，经分析计算后确定。

系统单价避免了影响计算成果准确的损耗和体积变化这两个微妙问题，计算原理相对科学。但要求施工组织设计应达到较高的深度，系统的班生产总费用计算才能准确。砂石生产系统班平均产量值的确定难度较大，有一定程度的任意性。

（二）工序单价法

工序单价法是按砂石料生产流程，分解成若干个工序，以工序为计算单元再计入施工损耗，求得骨料单价。按计入损耗的方式，又可分为两种：

1. 综合系数法

按各工序计算出骨料单价后，一次计入损耗，即各工序单之和乘以综合系数。

骨料单价＝覆盖层清除摊销费＋弃料处理摊销费＋各工序单价之和乘以综合系数

综合系数法计算简捷方便，但这种笼统地加一个综合系数并以货币价值的办法来简化处理复杂的损耗问题，难以反映工程实际。

2. 单价系数法

将各工序的损耗和体积变化，以工序流程单价系数的形式计入各工序单价。该方法概念明确，结构科学，易于结合工程实际。目前，水利水电工程造价广泛采用。本节重点介绍单价系数法。

三、骨料工序单价组成

骨料单价是由覆盖层清除，混合料开采运输，加工筛洗，成品骨料运输，弃料处理等各工序费用组成，由于生产骨料系统比较复杂，因此一般均按设计提供生产流程，按工序划断，根据施工组织设计提供的施工方法，套用《预算定额（2010）》砂石备料相关子目，分别计算各工序单价。

（一）天然骨料

1. 覆盖层清除

天然砂石料场（一般为沙滩）表层都有杂草、树木、腐殖土等覆盖，在混合料开采前应剥离清除。为土方工程，该工序单价应摊入骨料成品单价，概算中不单独列项。

2. 混合料开采运输

指混合料（未经加工的砂砾料）从料场开采运至混合料堆存处的过程，可分为：

（1）陆上开采运输，开采设备及方法和土方工程相同，主要采用装载机或挖掘机挖装，自卸汽车、矿车、皮带机运输。

（2）水上开采运输，常用采砂船开采，机动船拖驳船运输。在水边料场或地下水位较高料场也可采用索铲开采。

混合料开采运输通常有以下几种情况：

（1）混合料开采一部分直接运至筛分场堆存，而另一部分需要暂存某堆料场，将来再二次倒运到筛分场，则应分别计算两种单价，再按比例加权平均综合成一个工序单价。

（2）由多个料场供料时，当开挖、运输方式相同，可按料场供料比例，加权平均计算运距，如果开挖、运输方式不同，则应分别计算各料场单价，按供料比例加权平均计算工序单价。

（3）预筛分，指将混合料隔离超径石过程，包括设条筛及重型振动筛两次隔离过程。

超径石系指大于设计级配量大粒径的砾石，为满足设计级配要求，充分利用料源，预筛分隔离的超径石可进行一次或两次破碎，加工成需要粒径的碎石半成品。

（4）筛分冲洗。为满足混凝土骨料质量和级配要求，将通过预筛分工序的半成品料，筛分为粒径等级符合设计级配、干净合格的成品料，且分级堆存。

一般需设置两台筛分机，4 层筛网和一台螺旋分级机，筛分为 5 种径级产品，即 0.15～5mm（砂）和 5～20mm、20～40mm、40～80mm、80～150mm 四种粒径的石子。

在筛分过程中，供以压力水喷洒冲洗，这不仅使筛分和冲洗两工序合二为一，且能提高筛分生产率，降低机械运转温升，减少筛网磨损。

理论上经过筛分所有小于和等于筛孔孔径颗粒应筛下，而实际生产中，由于受筛时间较短，且为非标准筛孔，不可能把材料完全过筛，上一级骨料中含有下一级粒径的骨料称为逊径，下一级骨料中含有上一级粒径骨料称为超径，规范规定超径含量小于 5%，逊径含量小于 10%。

3. 成品骨料运输

成品骨料运输是指经过筛洗加工后的分级骨料，由筛分楼（场）成品料场运至拌和楼（场）骨料料仓（场）的过程，运距较近采用皮带机，运距较远使用自卸汽车或机车。

4. 弃料处理

弃料处理系指天然砂砾料中的自然级配组合，与设计级配组合不同而产生弃料处理过程，一般有大于设计骨料最大粒径的超径石弃料和某种径级成品骨料剩余弃料（比如 80～150mm），前者通过预筛分工序隔离，后者剩余在筛分楼（场）分级成品骨料仓（堆）。由于有弃料发生，为满足设计骨料量需要，则要求多开挖混合料和按要求对弃料进行处理，应先计算出弃料处理单价，再摊入到成品骨料单价。

5. 其他

天然砂不足，可利用砾石制砂，增加制砂工序。

（二）人工骨料

1. 覆盖层清除

岩石料场表层一般均有耕殖土覆盖及风化岩层，在碎石原料开采前，均应剥离清除，为土、石方开挖工程，该工序单价仍应摊入成品骨料单价。

2. 碎石原料开采运输

碎石原料开采运输指碎石原料从料场开采（造孔、爆破）并运至堆料场的过程，开采方式可分为：

（1）风钻钻孔一般爆破：一般孔深小于 5m，爆破后碎石原料粒径比较均匀，但造孔量大、单耗炸药量高、产量低。

（2）潜孔钻深孔爆破：孔深可达成 15～20m，造孔量小，炸药单耗量低、产量高，是常用的开采方式。

（3）洞室爆破：一般先用手风钻钻孔，在山体内挖出一个较大洞室，在洞室内装大量炸药，进行大爆破。该开采方式碎石原料料径大，二次解炮工作量大，且炸药耗量大，一般在地形上受到限制或为用潜孔钻开采创造条件时采用。

3. 碎石粗碎

由于受破碎机械性能限制，须将碎石原料（粒径在 300～700mm）进行粗碎，以适应下一工序对进料粒径的要求。

4. 碎石中碎筛分

对粗碎后的碎石原料进行破碎、筛分、冲洗，并分级堆存的过程，称中碎筛分。本工序包括预筛分工序，有时还包括细碎。

5. 制砂

已经细碎后的碎石（粒径 5～20mm）为原料，通过碾磨加工为机制砂（人工砂）的过程。

6. 成品骨料运输

同天然骨料。

四、基本参数的确定

在骨料单价计算时，应首先确定以下参数。

1. 覆盖层清除摊销率

覆盖层清除摊销率系指料场覆盖层清除总量与成品骨料量之比，即将覆盖层清除量或费用摊入到单位数量成品骨料。

$$覆盖层消除摊销率 = \frac{覆盖层清除量（自然方）}{成品骨料总量（成品堆方）} \times 100\%$$

2. 弃料处理摊销率

弃料处理摊销率系指弃料处理量与成品骨料量之比，即将弃料处理量摊入到单位数量成品骨料。

$$弃料处理摊销率 = \frac{弃料处理量（堆方）}{成品骨料量（成品堆方）} \times 100\%$$

3. 施工损耗

损耗在砂石料单价计算中占有很重要的地位。

损耗内容如下：

（1）级配损耗：在弃料处理工序，计算弃料摊销率中解决。

（2）施工损耗：包括运输、加工、堆存损耗。

运输损耗：毛（原）料、半成品、成品骨料在运输过程的数量损耗。

加工损耗：破碎、筛洗、碾磨过程的数量损耗。

堆存损耗：各工序堆存过程的数量损耗，指料仓（场）垫底损耗。

4. 体积变化

我国水利水电系统的传统习惯，砂石骨料以体积（m³）作为计量单位，而不是国际上通用的以重量（t、kg）为计量单位。由于砂石料从原料到加工、堆存，这些料在各个工序的空隙率都在变化。这些原料一经破碎筛分，空隙率就提高，体积就增大。因此在砂石料单价计算中，要考虑体积折算的因素。《浙江省水利水电建筑工程预算定额（2010）》将砂石料生产工艺流程划分为 7 种类型，7 种类型里又划分为若干种子类型，分别给出各个工序的单价系数。单价系数综合考虑了施工损耗和体积变化两个因素。也就是说单价系数既计入了各工序的施工损耗，又考虑了前后工序体积变化，即成品方容重。加工工序流程不同，损耗率不同，单价系数也就不同。

五、骨料单价计算案例

计算步骤：

（1）收集料场、工程量、混凝土配合比有关基础资料。

（2）了解熟悉生产流程和施工方法（加工工序流程示意图、主要设备型号、数量）。

（3）确定单价计算的基本参数（覆盖层清除摊销率、弃料摊销率）。

（4）选用现行定额计算各工序单价，确定工序单价系数。

（5）计算成品骨料单价。

1）成品骨料单价属基础单价，按现行有关设计概预算编制规定只计算直接工程费。

2）根据加工工序流程示意图、施工机械设备清单和施工方法，分段计算各工序单价，各工序单价计入单价系数后之和即为成品骨料单价。

【例 3-4】 某工程混凝土所需骨料拟从天然料场开采。工程项目中，各类混凝土工程量汇总统计如下：C15（二）细骨料混凝土砌石 5.4 万 m^3，C15（二）混凝土 1.54 万 m^3，C20（二）混凝土 6.50 万 m^3，C15（三）3.12 万 m^3，C20（三）5.63 万 m^3，M10 浆砌块石挡墙 1.5 万 m^3。根据料场的勘探资料，按《浙江省水利水电建筑工程预算定额（2010）》定额分析砂石料单价。

解 第一步：设计骨料需用量统计。

根据《预算定额（2010）》：C15（二）细骨料混凝土砌石体积中，含 C15（二）混凝土方量为 0.546 m^3/m^3（定额编号 30087），则 C15（二）混凝土量＝5.40×0.546 m^3/m^3＝2.95 万 m^3。

M10 浆砌块石挡墙中含砂浆 0.344 m^3/m^3（定额编号 30032），则 M10 砂浆＝1.5×0.344 m^3/m^3＝0.52 万 m^3。设计骨料需用量统计见表 3-5。

表 3-5　　　　　　　　　　设计骨料需用量统计表

项目	工程量（万 m^3）	砂	砾石（mm）		
			5～20	20～40	40～80
C15（二）	2.95	$\dfrac{0.53}{1.56}$	$\dfrac{0.40}{1.18}$	$\dfrac{0.40}{1.18}$	
C15（二）	(1.54×1.03) 1.59	$\dfrac{0.53}{0.84}$	$\dfrac{0.40}{0.64}$	$\dfrac{0.40}{0.64}$	
C20（二）	(6.50×1.03) 6.70	$\dfrac{0.51}{3.42}$	$\dfrac{0.40}{2.68}$	$\dfrac{0.40}{2.68}$	
C15（三）	(3.12×1.03) 3.21	$\dfrac{0.42}{1.35}$	$\dfrac{0.28}{0.90}$	$\dfrac{0.28}{0.90}$	$\dfrac{0.40}{1.28}$
C20（三）	(5.63×1.03) 5.80	$\dfrac{0.42}{2.44}$	$\dfrac{0.27}{1.57}$	$\dfrac{0.28}{1.62}$	$\dfrac{0.40}{2.32}$
M10	0.52	$\dfrac{1.1/}{0.57}$			
骨料量合计		10.18	6.97	7.02	3.60
各档骨料比例（%）		36.7	25.1	25.2	13.0

本工程合计骨料用量 27.77 万 m³。

设计骨料量也可以按以下步骤计算：

（1）计算各混凝土强度等级占全部混凝土的比例。

（2）计算每立方米混凝土综合用料量（百分比）。

（3）各档骨料设计用量。

第二步：天然料场勘测资料分析。

勘测数据提供本工程料场砂石料储量大于 50 万 m³，可开采系数取 0.9，料场距混凝土拌和站前堆料仓平均 5km，覆盖层厚平均 15cm，料场厚平均 3m。料场天然级配见表 3-6。

表 3-6　　　　　　　　　　　　　　天 然 料 场 级 配 表　　　　　　　　　　　　　%

总储量（万 m³）	<0.15	0.15～0.5	5～20	20～40	40～80	80～150	>150
50	0.52	21.38	21.12	22.50	14.10	13.10	7.28

第三步：开采量计算，见表 3-7。

表 3-7　　　　　　　　　　　　　　开 采 量 计 算 表

骨料开采粒径	黄砂（0.15～5）	砾石（5～20）	砾石（20～40）	砾石（40～80）
天然料场平均级配（%）	21.38	21.12	22.50	14.10
设计骨料需要量（万 m³）	10.18	6.97	7.02	3.60
混合料开采量（万 m³）	47.6	33.0	31.2	25.5

从表 3-7 看出，要满足黄砂用量，需开采混合料 47.6 万 m³，从而造成砾石大量多余，经济上不合算。本例采用 5～20mm 砾石作为控制开采量，黄砂不足部分采用人工制砂解决。

在满足 5～20mm 骨料量时，混合料开采量为 33 万 m³（松方）。

第四步：各档骨料平衡计算（按混合料开采量 33 万 m³ 计），见表 3-8。

表 3-8　　　　　　　　　　　　　　各档骨料平衡计算表

各档骨料	天然料场平均级配（%）	开采量（万 m³）	设计需要量（万 m³）	剩余（万 m³）	不足（万 m³）	备注
<0.15	0.52	0.17	0	0.17		超径
0.15～5	21.38	7.06	10.18		3.12	人工砂补
5～20	21.12	6.97	6.97	0		
20～40	22.50	7.43	7.02	0.41		多余
40～80	14.10	4.65	3.60	1.05		多余
80～150	13.10	4.32	0	4.32		超径
>150	7.28	2.40	0	2.40		超径
合计	100%	33.0	27.77	8.35	3.12	

第五步：基本参数确定。

（1）覆盖层消除摊销率。

料场开挖量　33 万 m³÷1.19÷0.9＝30.8 万自然方

覆盖层清除量　30.8 万自然方÷3m³×0.15m³＝1.54（万 m³）

覆盖层消除摊销率　1.54÷27.77＝5.5%

（2）级配料弃料摊销率。

本料场因黄砂不足，需人工制砂，利用多余料或超径料作为制砂的料源能满足要求（一般利用小粒径料），现有级配弃料 0.41＋1.05＝1.46（万 m³），还需超径料 3.12－1.46＝1.66（万 m³）。则本工程不计级配弃料摊销。

（3）超径弃料摊销率。

$$(0.17＋4.32＋2.40－1.66)/27.77 = 18.83\%$$

第六步：工序单价计算。

（1）施工措施。

为减少运输量，筛分系统设置在料场附近，拌和站设置在大坝附近。

1）覆盖层用推土机推运至已开挖处，平均推运距离 50m。

2）混合料用 1m³ 挖土机装 8t 自卸汽车运至筛分楼，平均运距按 1km 计。

3）筛分后超径料及多余料用 1m³ 挖土机装 8t 自卸车就近弃料，平均远距 1km。

4）成品骨料按 1m³ 挖土机 10t 自卸车运至拌和站前堆料仓，平均运距：5km。

5）人工制砂机设置在筛分楼附近，人工砂运距也按 5km 计算。

（2）机械台班费计算（略，表中系估列值）。（注意：计算砂砾料单价时，不考虑材料限价因素，机械台班费中的柴油单价直接采用市场价。本例取 7.8 元/kg）。

（3）各工序单价分析。

各工序单价分析汇总：

1）覆盖层消除单价：4.71 元/自然方。

2）混合料开采运输：11.10 元/成品方。

3）预筛分运输：3.44 元/成品方。

4）筛洗运输：9.63 元/成品方。

5）弃料运输：10.77 元/成品方。

6）成品骨料运输：18.16 元/成品方。

7）机制砂工序：41.11 元/成品方。

（4）工艺流程。工艺流程如图 3-2 所示。

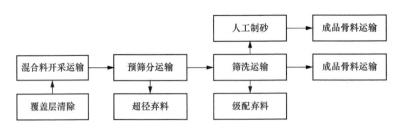

图 3-2　工艺流程图

（5）工序系数。

1）天然砂石骨料。根据砂石料生产工序流程，选择工序流程Ⅳ-2；超径弃料选择工序流程Ⅳ-3；级配弃料选择工序流程Ⅳ-2。

2）人工制砂按《预算定额（2010）》第五章说明 8-(3) 计算。

（6）单价计算。

1）天然骨料。

未计摊销单价　　11.10×1.01＋3.44×0.97＋（9.63＋18.16）×1.00＝42.34

超径弃料摊销　　（11.10×1.04＋3.44×1.00＋10.77）×18.83％＝4.85

级配弃料摊销　　（11.10×1.01＋3.44×0.97＋9.63×1.00＋10.77）×0％＝0

覆盖层摊销　　　4.71×5.5％＝0.26

天然骨料单价　　42.34＋4.85＋0＋0.26＝47.45（元/成品方）

2）人工砂单价。

砾石骨料单价×1.37＋机制砂工序单价＋骨料运输价

＝（47.45－18.16运输）×1.37＋41.11＋18.16＝99.40（元/成品方）

3）综合砂价（天然砂与人工砂加权平均）。

（7.06万方×47.45＋3.12万方×99.40）÷10.18万方 ＝ 63.37（元/成品方）

六、块石、条石、料石单价计算

块石、条石、料石单价是指将符合要求的石料运至施工现场堆料点的价格，一般包括料场覆盖层（包括风化层、无用夹层）清除、石料开采、加工（修凿）、石料运输、堆存，以及在开采、加工、运输、堆存过程的损耗等。

块石、条石、料石单价应根据地质报告有关数据和施工组织设计确定的工艺流程、施工方法，选用定额的相应子目计算综合单价。

计算块石、条石、料石单价应注意的几个问题。

（1）对于块石、条石、料石，各地区、各部门（如铁路、公路、工业与民用建筑等）有不同的名称和定义，编制单价时，应统一按《浙江省水利水电建筑工程预算定额（2010）》规定的定义，以免混淆。

（2）块石计量单位为码方，条石、料石的计量单位为清料方。

（3）覆盖层的清除率应根据地质报告确定。

（4）为降低工程造价，应尽可能地从石方开挖的弃渣中捡集块石。利用料的数量、运距由设计确定。

七、外购砂石料单价计算

对于地方兴建的小型水利水电工程，或因当地砂石料缺乏或料场储量不能满足工程需要，或因砂石料用量较少，不宜自采砂石料时，可从附近砂石料场采购。外购砂石料单价包括原价、运杂费、损耗、采购保管费四项费用，其计算公式为

外购砂石料单价 ＝（原价＋运杂费）×（1＋损耗率）×（1＋采购保管费率）

式中　原价——砂石料产地的销售价。

运杂费——由砂石料产地运至工地现场的砂石料堆料场（砌筑石料计算至工作面前的堆料场地）所发生的运输费、装卸费等。

损耗——运输损耗和堆存损耗两部分，运输损耗率与运输工具、运距有关。堆存损耗与堆存次数和堆料场的设施有关。

关于砂石料的采购保管费率，由于：

（1）砂石料比水泥、钢材等外购材料在采购、保管等方面工作量和所需开支的费用少得多，而且砂石料在工程中用量很大。因此砂石料的采购及保管费率应比其他外购材料的采保

费低。在考虑计入损耗后，浙江省一般不计外购砂石料的采购保管费。

（2）砂石料由于在运输堆存过程中的损耗较大，故予以单独另计损耗。

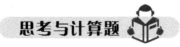

思考与计算题

一、思考题

1. 材料预算价格和机械台班费分别由哪些费用组成？

2. 试述风、水、电价的计算方法。

3. 什么是覆盖层清除摊销率和弃料处理摊销率？如何计算覆盖层清除摊销单价和弃料处理摊销单价？

4. 试述天然砂石料骨料单价的计算方法。

二、计算题

1. 某二类水利工程电网供电占95%，自备柴油发电机组（200kW，一台）供电占5%。该电网电基本电价为0.88元/(kW·h)。自备柴油发电机组能量利用系数0.85，厂用电率4%，变配电设备及配电线路损耗率6%，高压输电线路损耗率5%，循环冷却摊销费0.03元/(kW·h)，供电设施维修摊销费0.02元/(kW·h)，柴油预算价7.5元/kg。试计算施工用电综合电价。

2. 某水利枢纽工程水泥由工地附近甲乙两个水泥厂供应。两厂水泥供应的基本资料如下：

（1）甲厂42.5散装水泥出厂价290元/t；乙厂42.5水泥出厂价袋装330元/t，散装300元/t。两厂水泥均为车上交货。

（2）袋装水泥汽车运价0.55元/(t·km)，散装水泥在袋装水泥运价基础上上浮20%；袋装水泥装车费为6.00元/t，卸车费5.00元/t，散装水泥装车费为5.00元/t，卸车费4.00元/t。其运输路径如图3-3所示，均为公路运输。

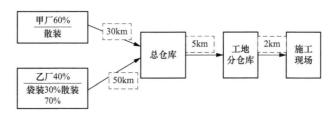

图3-3 运输路径

（3）运输保险费率：1‰。

（4）计算该水泥的综合预算价格。

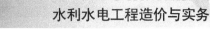
项目四　建筑与安装工程单价

重点提示

1. 熟悉建筑工程单价编制的步骤与方法;

2. 掌握土方工程单价编制;

3. 掌握石方工程单价编制;

4. 掌握混凝土工程单价编制;

5. 掌握堆砌石、基础处理工程单价编制;

6. 掌握设备安装工程单价编制的基本方法。

建筑与安装工程单价(简称工程单价)是编制水利水电工程建筑与安装费用的基础。工程单价编制工作量大,且细微复杂,它直接影响工程总投资的准确程度,必须高度重视。

工程单价,是指以价格形式表示的完成单位工程量(如 1m³、1t、1 台等)所耗用的全部费用,包括直接费、间接费、利润、材料补差和税金等五部分。工程单价是建筑与安装产品特有的概念,由于时间、地点、地形与地质、水文、气象、材料来源、施工方法等条件不用,建筑与安装产品价格也不会相同,也无法对建筑与安装产品统一定价。然而,不同的建筑与安装产品可分解为比较简单而彼此相同的基本构成要素(如分部、分项工程),对相同的基本构成要素可统一规定消耗定额和计价标准。所以,确定建筑与安装工程的价格,必须首先确定基本构成要素的费用。

完成单位基本构成要素所需的人工、材料及机械使用"量"可以通过查定额等方法加以确定,其使用"量"与各自基础单"价"的乘积之和构成直接工程费,再按有关取"费"标准计算措施费、间接费、利润和税金等,直接工程费与各项取"费"之和即构成建筑或安装工程单价,这一计算过程称工程单价编制或工程单价分析。因此,工程单价由"量"、"价"、"费"三要素构成。

任务一　建筑工程单价

一、建筑工程单价编制步骤

(1)了解工程概况,熟悉设计文件和设计图纸,收集编制依据(如定额、基础单价、费用标准、当地材料价格等)。

(2)根据工程特征和施工组织设计确定的施工条件、施工方法及设备配备情况,正确选用定额子目。

(3)用本工程人工、材料、机械等基础单价分别乘以定额的人工、材料、机械设备的消耗量,将计算所得人工费、材料费、机械使用费相加可得直接工程费单价。

(4)根据直接工程费单价和各项费用标准计算措施费、间接费、利润、材料补差和税金，并加以汇总求得工程单价。

二、建筑工程单价编制方法

工程单价编制一般采用列表法，该表称建筑工程单价表。

《编规（2010）》规定的工程单价计算程序见表 4-1。

表 4-1　　　　　　　　　　　　建筑工程单价计算程序表

序号	项目	计算方法
（一）	直接费	(1)+(2)
(1)	直接工程费	①+②+③
①	人工费	定额人工日数×人工预算单价
②	材料费	Σ定额材料用量×材料预算价格
③	机械使用费	Σ定额机械台班用量×机械台班费
(2)	措施费	(1)×措施费率之和
（二）	间接费	（一）×间接费率
（三）	企业利润	［（一）+（二）］×企业利润率
（四）	材料补差	Σ定额材料用量×材料差价
（五）	税金	［（一）+（二）+（三）+（四）］×税率
（六）	工程单价	（一）+（二）+（三）+（四）+（五）

三、建筑工程单价编制

（一）应注意的问题

（1）必须根据设计所确定的有关技术条件（如石方开挖工程的岩石等级、断面尺寸、开挖与出渣方式、开挖与运输设备型号、规格和弃渣运距等）选用《浙江省水利水电建筑工程预算定额（2010）》的相应子目。

（2）凡《浙江省水利水电建筑工程预算定额（2010）》中没有的工程项目，可编制定额。

（3）对于非水利水电专业工程，按照专业专用的原则，应执行有关专业的相应定额，如公路工程执行交通部《公路工程概算定额》，房建工程执行建设部门《建筑工程预算定额》等。

（4）《浙江省水利水电建筑工程预算定额（2010）》虽有类似定额，但其技术条件有较大差异时，应编制定额，作为编制概、估算单价的依据。

（5）《浙江省水利水电建筑工程预算定额（2010）》除砌石工程外的各定额子目，未按现行施工规范和有关规定，计入不构成建筑工程单位实体的允许超挖及超填量、合理的施工附加量及体积变化等所需增加的人工、材料及机械台班消耗量，编制设计概、估算及投标报价等时，应按现行规定分别计算上述合理的损耗及体积变化，套用相应的定额计算单价。规范允许的超挖及超填量、合理的施工附加量，按规定计算费用后摊入有效工程量单价。

（6）《浙江省水利水电建筑工程预算定额（2010）》中的材料及其他机材费，已按目前水利水电工程平均消耗水平列量；定额中的施工机械台（组）班数量，按水利水电工程常用施工机械和典型施工方法的平均水平列量。编制单价时，除定额中规定允许调整外，均不得对定额中的人工、材料、施工机械台（组）班数量及施工机械的名称、规格、型号进行调整。

（二）《浙江省水利水电建筑工程预算定额（2010）》中共性的规定：

1. 材料、机械在定额表式中的表示方法

（1）分列式：只在一行中列出材料、机械名称，而在不同行中分列不同品种或型号的，表示只选一种，如：

汽车　　8t

12t

15t

（2）并列式：在不同行中列出相同的机械名称，但各行所列型号等不同，表示各行定额量均属计价范围，如：

风钻　　手持式

风钻　　气腿式

2. 其他（零星）机材费

以费率形式表示：

零星机材费，以人工费为计算基数。

其他机材费，以材料费、机械费之和为计算基数。

3. 定额参数介于两子目之间

如定额参数（建筑物尺寸、运距等）介于两子目之间，可用插入法调整定额。调整方法如下

$$A = B + \frac{(C-B) \times (a-b)}{(c-b)}$$

式中　A——所求定额数；

B——小于 A 而最接近 A 的定额数；

C——大于 A 而最接近 A 的定额数；

a——A 项定额参数；

b——B 项定额参数；

c——C 项定额参数。

通风机调整系数：土方洞挖定额中的通风机台班数量系按一个工作面长 200m 拟定，如实际超过 200m，应按表 4-2 系数调整通风机台班数量。

表 4-2　　　　　　　　　　　　通风机台班调整系数表

隧洞工作面长（m）	≤200	500	1000	1500	2000	2500	3000	每增加 500
系数	1.0	1.2	1.5	2.0	2.7	3.7	4.9	增加 1.5

【例】　利用插入法计算隧洞工作面长 700m 时的定额调整系数。

解

$$A = 1.2 + \frac{(1.5 - 1.2) \times (700 - 500)}{(1000 - 500)}$$

$$= 1.2 + 0.12 = 1.32$$

4. 数字适用范围

适用于阿拉伯数字

（1）只用一个数字（如 1km、2km），仅适用本身。

（2）用"以上"、"以外"表示的，不包括数字本身（如洞挖面积 50m² 以上）。

（3）以"以下"、"以内"表示的，包括本身，并自基数始至该数字为止（如洞挖面积 5m² 以下）。

（4）用"××～××"表示，相当于自××以上至××以下（如洞挖 10～20m²）。

注意：岩石级别如Ⅴ～Ⅷ、Ⅸ～Ⅹ，以及机械型号 59～74kW 等即上、下限均含。

5．运输定额适用范围

（1）汽车运输定额，用于施工场内运输，不另计高差折平和路面等级系数。

（2）场内运输范围：

汽车 10km 内，拖拉机 5km 内，双胶轮车 1km 内。

（3）汽车场内运输。

超出 10km 时，其中 10km 按场内运输套相应定额计算，超出部分按交通部门运价确定。

外购材料运输费用，按相关部门规定计算。

6．人力运输折平系数

（1）定额中有关人力运输（挑抬、双胶轮车）的各子目，是按水平运输（坡度 5% 以下）考虑的，如有坡度应折算成水平距离再套用定额，如人工挑抬见表 4-3。

表 4-3　　　　　　　　　　　　　　　人工挑抬运距调整系数

项目	上坡坡度（%）		下坡坡度（%）	
	5～30	30 以上	16～30	30 以上
系数	1.8	3.5	1.3	1.9

（2）例：人工挑运上坡 108m（斜距、坡度 40%），按总《预算定额（2010）》说明十五，30% 以上，乘 3.5，则 108×3.5＝378（m），按 378m 套子目。

注意：1）不能套 108m 计算出单价后再乘 3.5。

　　　2）汽车运，定额已考虑高差及路面等级，不另计系数。

7．挖掘机定额按液压挖掘机拟定

采用其他形式挖掘机时，定额不调整。

8．其他

（1）土壤、岩石分类。土壤和岩石的性质，根据勘探资料确定。编制土石方工程单价时，应按地质专业提供的资料，确定相应的土石方级别。

（2）土石方松实系数。土石方工程的计量单位，分别为自然方、松方和实方。这三者之间的体积换算关系通常称为土石方松实系数，其中，自然方指未经扰动的自然状态下的体积，松方是经过开挖松动了的体积，实方则指经过回填压实的体积。

《浙江省水利水电建筑工程预算定额（2010）》附录中列示的土石方松实系数属参考资料。编制概算单价时，宜按设计提供的干密度、空隙率等有关资料进行换算。

（3）海潮干扰系数。对于沿海地区受潮汐影响的建设工程，使用本定额时，可计取海潮干扰系数。施工期平均潮位，是指施工建设地点历年同期多年平均高潮位与平均低潮位的平均值，由设计部门根据水文观测资料确定。平均潮位以上的工程项目和工程量不乘系数。平均潮位以下的工程项目和工程量，其定额人工和机械台班量应乘海潮干扰系数。

系数见表 4-4，其中强涌潮地区仅指钱塘江的萧山闸堰至海宁尖山段，一般涌潮地区为其他受潮汐影响的江段及海岸。

表 4-4   **海 潮 干 扰 系 数 表**

项 目	人 工	机 械
强涌潮地区	1.45	1.33
一般涌潮地区	1.28	1.13

围垦工程平均潮位以下施工不受潮汐影响的工程项目，不考虑海潮干扰系数。

任务二 土方工程单价

一、土方工程单价

土方工程包括土方挖运（图 4-1）、土方填筑（图 4-2）两大类。

图 4-1 土方挖运   图 4-2 土方填筑

土方工程按施工方法可分为机械施工和人工施工两种，后者适用工程数量较少的土方工程或小型水利工程。

土方定额大多按影响工效的参数来划分节目和子目，所以正确确定这些参数和合理使用定额是编好土方工程单价的关键。

（一）土方挖运

土方挖运由"挖"、"运"两个主要工序组成。

1. 挖

影响"挖"这个工序工效的主要因素有：

（1）土的级别。从开挖的角度看，土的级别越高，开挖的阻力越大，工效越低。

（2）设计要求的开挖形状。设计有形状要求的沟、渠、坑等都会影响开挖的工效，尤其是当断面较小，深度较深时，对机械开挖更会降低其正常效率。因此定额往往按沟、渠、坑等分节，各节再分别按其宽度、深度、面积等划分子目。

（3）施工条件。不良施工条件，如水下开挖、冰冻等都将严重影响开挖的工效。

2. 运

"运"是运输的简称，它包括集料、装土、运土、卸土以及卸土场整理等子工序。影响本工序的主要因素有：

（1）运土的距离。运土的距离越长，所需时间也越长，但在一定起始范围内，不是直线反比关系，而是对数曲线关系。

（2）土的级别。从运输的角度看，土的级别越高，其密度（t/m³）也越大。由于土石方都习惯采用体积作单位，所以土的级别越高，运每 $1m^3$ 的产量越低。

（3）施工条件。装卸车的条件、道路状况、卸土场的条件等都影响运土的工效。

（二）土方填筑

水利水电工程的大坝、渠道、道路、堤防、围堰等都有大量的土方要回填、压实。土方填筑由备料、压实两大工序组成。

1. 备料

（1）料场覆盖层清理摊销费。土坝填筑需要大量的土料或砂砾料，其料场上的树木及表面覆盖的乱石、杂草及不合格的表土等必须予以清除。清除所需的人工、材料、机械台班的数量和费用，应按相应比例摊入土料填筑单价内。

（2）土料开采。土料的开采，应根据工程规模，尽量采用大料场、大设备，以提高机械生产效率，降低土料成本。土料开采单价的编制与土方开挖、运输单价相同，只是当土料含水量不符规定时需增加处理费用，同时须考虑土料损耗和体积变化因素。

（3）土料处理费用计算。当土料的含水量不符合规定标准时，应先采取挖排水沟、扩大取土面积、分层取土等施工措施。如仍不能满足设计要求，则应采取降低含水量（如翻晒、分区集中堆存等）或加水处理措施。

（4）土料损耗和体积变化。土料损耗包括开采、运输、雨后清理、削坡、沉陷等的损耗，以及超填和施工附加量。

体积变化指设计干密度和天然干密度之间的关系。如设计要求坝体干密度为 $15.09kN/m^3$，而天然干密度为 $12.83kN/m^3$，则折实系数为 $13.09/12.83=1.176$，亦即该设计要求的 $1m^3$ 坝体实方，需 $1.176m^3$ 自然方才能满足。从定额（或单价）的意义来讲，土方开挖、运输的人工、材料、机械台班的数量（或单价）应扩大 1.176 倍。根据不同施工方法的相应定额，按下式计算取土备料和运输土料的定额数量。

$$成品实方定额 = 自然方定额数 \times (1+A) \times \frac{设计干容量}{天然干容量}$$

式中　A——综合系数（%），包括开采、上坝运输、雨后清理、边坡削坡、接缝削坡、施工沉陷、试验坑和不可避免的压坏、超填及施工附加量等损耗因素。

综合系数 A，根据不同施工方法与坝型和坝体填料按定额规定选取，见表 4-5。

表 4-5　　　　　　　　　　　土石坝填筑综合系数表

项目	A（%）	项目	A（%）
机械填筑混合坝、堤、堰土料	5.86	人工填筑坝、堤、堰土料	3.43
机械填筑均质坝、堤、堰土料	4.93	人工填筑心（斜）墙土料	3.43
机械填筑心（斜）墙土料	5.70		

2. 压实

（1）土方压实的常用施工方法及压实机械有：

碾压法：靠碾滚本身重量对静荷重的作用，使土粒相互移动而达到密实。采用羊足碾、气胎碾、平碾等机械，适用范围较广。

夯实法：靠夯体下落的动荷重的作用，使土粒位置重新排列而达到密实。采用打夯机（人力打夯时，采用木石夯、石硪等工具）。适用于无黏性土，能压实较厚的土层，所需工作面较小。

振动法：借振动机械的振动作用，使土粒发生相对位移而得到压实。主要机械为振动碾。适用于无黏性土和砂砾石等土质及设计干密度要求较高时采用。

（2）影响压实工效的主要因素有：土（石）料种类、级别、设计要求、碾压工作面等。土方压实定额大多按这些影响因素划分节、子目。

土料种类、级别。土料种类一般有：土料、砂砾料、土石渣料等。土料的种类、级别对土方压实工效有较大的影响。

设计要求。设计对填筑体的质量要求主要反映在压实后的干密度。干密度的高低直接影响到碾压参数（如铺土厚度、碾压次数等），也直接影响压实工序的工效。

碾压工作面。较小的碾压工作面（如反滤体、堤等）使碾压机械不能正常发挥机械效率。

（三）计算土方工程单价要注意的问题

土方工程，尽量利用开挖出渣料用于填筑工程，对降低工程造价十分有利。但在计算工程单价时，要注意以下问题：

（1）对于开挖料直接运至填筑工作面的，以开挖为主的工程，出渣运输宜计入开挖单价。对以填筑为主的工程，宜计入填筑工程单价中。但一定要注意，不得在开挖和填筑单价中重复或遗漏计算土方运输工序单价。

（2）在确定利用料数量时，应充分考虑开挖和填筑在施工进度安排上的时差，一般不可能完全衔接，二次转运（即开挖料卸至某堆料场，填筑时再从某堆料场取土）是经常发生的。对于需要二次转运的，土方出运渣输、取土运输应分别计入开挖和填筑工程单价中。

（3）要注意开挖与填筑的单位不同，前者是自然方，后者是压实方，故要计入前述的体积变化和各种损耗。

（4）推土机推土距离和运输定额的运距，均指取土中心主卸土中心的平均距离。工程量很大的可以划分几个区域加权平均计算，推土机推松土时定额乘以0.8系数。

（5）砂砾料开挖和运输定额按Ⅳ类土定额计算。

二、工程量计算规则

注意除另有规定外，允许的超挖量所需费用等均应计入相应有效工程量的单价中。

（1）开挖工程量，按设计开挖断面计算。槽、坑加计工作面及放坡系数。

（2）填筑工程量，按设计断面计算。

围垦工程土方填筑工程量，应计入设计（永久）沉降量。

三、土方工程单价编制示例

【例4-1】　某一类工程黏土心墙，土料Ⅱ级，心墙宽9m，设计干密度16.46kN/m³，天然干密度14.31kN/m³。1m³油动正铲挖掘机装8t自卸汽车运3km上坝。74kW拖拉机牵引12t轮胎碾压实。料场覆盖层清除摊销费0.90元/m³、黏土处理费0.23元/m³（均已含间接费等）。试计算工程单价。（柴油：8元/kg；电：1.0元/（kW·h），措施费5%）

（1）覆盖层清除摊销费0.90元/m³。

（2）开采及运输单价，见表4-6。

（3）黏土处理费：0.23元/m³。

（4）压实单价，见表4-7。

表 4-6　　　　　　　　　　　开采及运输单位估价表

序号	项目序号			
	项目名称		土方开采运输	
	定额编号		10467	
	施工条件		1m³ 挖 8t 自卸车运 3km	
	定额单位		100m³	
	工料名称	单位	单价	工料定额	合价
1	人工	工日	48.76	1	48.76
2	1m³ 挖土机	台班	777.62	0.18	139.97
3	59kW 推土机	台班	369.03	0.09	33.21
4	8t 自卸汽车	台班	428.20	1.96	839.27
5	其他机材费	%	2	1012.45	20.25
(一)	直接工程费小计				1081.46
(二)	措施费	%	5		54.07
一	直接费				1135.53
二	间接费	%	13.5		153.30
三	利润	%	7		90.22
四	人工、材料补差				661.97
1	人工	工日	23.84	5.46	130.17
2	1m³ 挖掘机	台班	345	0.18	62.10
3	59kW 推土机	台班	210	0.09	18.90
4	8t 自卸汽车	台班	230	1.96	450.80
五	税金	%	3.28		66.95
六	合计				2107.97
七	单价				21.08

表 4-7　　　　　　　　　　　压实单位估价表

序号	项目序号			
	项目名称		土方压实	
	定额编号		10682H	
	施工条件		轮胎碾压实土方	
	定额单位		100m³	
	工料名称	单位	单价	工料定额	合价
1	人工	工日	48.76	2.7	131.65
2	轮胎碾	台班	104.50	0.18	18.81
3	74kW 拖拉机	台班	412.28	0.18	74.21
4	74kW 推土机	台班	511.06	0.09	46.00
5	蛙夯机	台班	120.87	0.18	21.76

续表

序号					
	项目序号				
	项目名称			土方压实	
	定额编号			10682H	
	施工条件			轮胎碾压实土方	
	定额单位			100m³	
	工料名称	单位	单价	工料定额	合价
6	刨毛机	台班	398.65	0.09	35.88
7	其他机材费	％	5	196.66	9.83
（一）	直接工程费小计				338.14
（二）	措施费	％	5		16.91
一	直接费				355.05
二	间接费	％	13.5		47.93
三	利润	％	7		28.21
四	人工、材料补差				184.62
1	人工	工日	23.84	3.78	90.12
2	74kW 拖拉机	台班	275	0.18	49.5
3	74kW 推土机	台班	265	0.09	23.85
4	刨毛机	台班	235	0.09	21.15
五	税金	％	3.28		20.20
六	合计				636.01
七	单价				6.36

注　体积变换和损耗系数＝（1＋5.7％）×16.46/14.31＝1.2158。

（5）填筑综合单价＝覆盖层清除摊销费＋土方开挖及运输＋黏土处理费＋压实
　　　　　　　　＝0.9＋21.08×1.2158＋0.23＋6.36＝33.12（元/m³）

即

估算单价　33.12×1.08＝35.77（元/m³）

概算单价　33.12×1.05＝34.78（元/m³）

任务三　石方工程单价

一、石方工程单价

水利水电建设项目的石方工程数量很大，且多为基础和洞井及地下厂房工程，尽量采用先进技术，合理安排施工，减少二次出渣，充分利用石渣作块石、碎石原料等，对加快工程进度，降低工程造价有重要意义。

石方工程单价包括开挖、运输和支护等工序的费用。

开挖及运输均以自然方为计量单位。

（一）石方开挖

1. 石方开挖分类

按施工条件分为明挖石方和暗挖石方两大类。按施工方法可分人工硬打、钻孔爆破法和掘进机开挖等。

（1）人工硬打耗工费时，适用于有特殊要求的开挖部位。

（2）钻孔爆破方法一般有浅孔爆破法、深孔爆破法、洞室爆破法和控制爆破法（定向、光面、预裂、静态爆破等）。钻爆法是一种传统的石方开挖方法，在水利水电工程中使用十分广泛，故以下将重点介绍这种方法。

（3）掘进机是一种新型的开挖专用设备，与传统的钻孔爆破法的区别，在于掘进机开挖改钻孔爆破为对岩石进行纯机械的切割或挤压破碎，并使掘进与出渣、支护等作业能平行连续进行，施工安全、工效较高。但掘进机一次性投入大，费用高。

2. 影响开挖工序的因素

开挖工序由钻孔、装药、爆破、翻渣、清理等子工序组成。影响开挖工序的主要因素有：

（1）岩石级别。岩石按其成分、性质划分级别，现行规定将岩、土划分为 16 级，其中Ⅴ至ⅩⅥ级为岩石。岩石级别越高，其强度越高，钻孔的阻力越大，钻孔工效越低。岩石级别越高，对爆破抵抗力也越大，所需炸药也越多。所以岩石级别是影响开挖工序的主要因素之一。

（2）设计对开挖形态及开挖面的要求。设计对有形状要求的开挖，如沟、槽、坑、洞、井等，其爆破系数（每 m^2 工作面上的炮孔数）较没有形态要求的一般石方开挖要大得多，对于小断面的开挖尤甚。爆破系数越大，爆破效率越低，耗用爆破器材（炸药、雷管、导线）也越多。

设计对开挖面有要求（如爆破对建基面的损伤限制，对开挖面平整度等）时，为了满足这些要求，对钻孔、爆破、清理等工序必须在施工方法和工艺上采取措施。例如，为了限制爆破对建基面的操作，往往在建基面以上设置一定厚度的保护层，保护层开挖大多采用浅孔小炮，爆破系数很高，爆破效率很低，有的甚至不允许放炮，需采用人工开挖。有的为了满足开挖面平整度的要求，需在开挖面进行专门的预裂爆破。

所以设计对开挖形状及开挖面的要求，也是影响开挖工序的主要因素。因此，石方开挖定额大多按开挖形状及部位分节，各节再按岩石级别分子目。

3. 项目划分

（1）一般石方开挖：明挖工程中底宽超过 7m 的渠、槽工程，上口面积大于 $200m^2$ 的坑挖工程，以及倾角（与水平面所成的角度）小于 20°或垂直于设计开挖面的平均厚度大于 5m 的坡面石方开挖。

（2）一般坡面石方开挖：指倾角大于 20°，且垂直于设计开挖面的平均厚度小于 5m 的坡面石方开挖。这是由于坡度大、开挖层薄的要影响工效，且未含保护层的因素，故坡面石方开挖单列项目。

（3）渠槽石方开挖：指底宽 7m 以内长度大于宽度 3 倍的长条形石方开挖工程，如地槽、渠道、截水槽、排水沟等。底宽超过 7m，按一般石方开挖定额计算，有保护层的按一般石方和保护层比例综合计算。

（4）坑挖石方：指上口面积小于 $200m^2$，深度小于上短边长度或直径的工程。如机座基础、柱基、集水坑、墩柱基础等。上口面积大于 $200m^2$ 的，按一般石方开挖定额计算，有保护层的按一般石方和保护层比例综合计算。

（5）保护层石方开挖定额适用于设计规定不允许破坏岩层结构的石方开挖工程。如河床坝基、两岸坝基、发电厂基础，消力池、廊道等工程连接岩基部分，厚度按设计规定计算。

（6）平洞石方开挖：指水平夹角小于 6°的洞挖工程。

（7）斜洞石方开挖：指水平夹角为 6°～75°的洞挖工程。

（8）竖井石方开挖：指水平夹角大于 75°，上口面积大于 $5m^2$，深度大于上口短边长度或直径的洞挖工程。如调压井、闸门井等。

（9）地下厂房石方开挖：指地下厂房或窑洞式厂房的开挖工程。

4. 注意问题

使用《浙江省水利水电建筑工程预算定额（2010）》编制开挖单价时应注意以下问题：

（1）石方开挖各节定额中，均未包括允许的超挖量和合理的施工附加量所需用工、材料、机械。编制单价时，应将其费用摊入相应的有效工程量单价。

（2）石方开挖定额中已考虑控制规格的布孔，未考虑防震孔、预裂孔。

（3）各节石方开挖定额，未考虑预裂爆破所需的各种特殊保护及开挖措施，如施工组织设计需要预裂爆破时，应按设计提供的预裂爆破工程量，套用预裂爆破定额。

洞（井）挖工程，已考虑光面爆破因素，平洞（凿岩台车开挖除外）斜井、竖井如采用光面爆破按要求考虑相应的系数计算：

（4）石方开挖定额中的其他机材费，包括小型脚手架、排架、操作平台、棚架、漏斗等的搭拆摊销费，以及炮泥等次要材料费。

（5）石方开挖中的炸药，应根据不同施工条件和开挖部位选取。现行定额选用乳胶炸药计算。

（6）洞挖定额中的通风机台班数量系按一个工作面长 200m 拟定，如实际超过 200m，应按表 4-2 系数调整通风机台班数量。

（二）石方运输

1. 运输方案的选择

施工组织设计应根据施工工期、运输数量、运距远近等因素，选择既能满足施工强度要求，又能做到费用最省的最优方案。

一般说，人力运输（挑抬、双胶轮车、轻轨斗车）适用于工作面狭小，运距短，施工强度低的工程或工程部位；自卸汽车运输的适应性较大，故一般工程都可采用；电瓶机车可供洞井出渣，而内燃机车适于较长距离的运输。

在作方案和单价分析时，应充分注意所采用方案的全部工程投资的比较。如内燃机车运输单价较低，但其轨道的建造、运行管理（道口、道岔）维护等费用支出较大，需经过全面分析后方可确定，以取得最佳的经济效益。

2. 影响石方运输工序的主要因素

与土方工程基本相同，不再赘述。

3. 使用定额应注意的问题

（1）石方运输单价与开挖综合单价。在概、估算及报价等中，石方运输费用不单独表示，而是在开挖费用中体现。

在《浙江省水利水电建筑工程预算定额（2010）》中，自 32 节至 50 节均为石方运输定额。编制单价时，按定额石渣运输施工条件选择运输定额，计算出运输单价，然后与开挖单价综合成石方开挖单价。

（2）洞内运输与洞外运输。各节运输定额，一般都有"露天"、"洞内"两部分内容。

当有洞内外运输时，应分别套用。洞内运输部分，套用"洞内"定额基本运距（装运卸）及"增运"子目；洞外运输部分，套用"露天"定额"增运"子目（仅有运输工序）。

（3）挖掘机或装载机装石渣、自卸汽车运输定额，适用于 10km 以内的场内运输，超过这个范围的均按场外运输计算。

（三）支撑与支护

为防止隧洞或边坡在开挖过程中，因山岩压力变化而发生软弱破碎地层的坍塌，避免个别石块跌落，确保施工安全，必须对开挖后的空间进行必要的临时支撑或支护，以确保施工顺利进行。

1. 临时支撑

临时支撑包括木支撑、钢支撑及预制混凝土或钢筋混凝土支撑。

木支撑重量轻，加工及架立方便，损坏前有显著变形而不会突然折断，因此应用较广泛。在破碎或不稳定岩层中，山岩压力巨大，木支撑不能承受，或支撑不能拆下须留在衬砌层内时，常采用钢支撑，但钢支撑费用较高。当围岩不稳定，支撑又必须留在衬砌层中时，可采用预制混凝土或钢筋混凝土支撑。这种支撑刚性大，能承受较大的山岩压力，耐久性好，但构件重量大，运输安装不方便。

2. 支护

支护的方式有锚杆支护、喷混凝土支护、喷混凝土与锚杆或钢筋网联合支护等。适用于各种跨度的洞室和高边坡保护，既可作临时支撑，又可作为永久支护。

使用锚杆支护定额要注意锚定方法（机械、药卷、砂浆）、作业条件（洞内、露天）锚杆的长度和直径、岩石级别等影响因素。

二、工程量计算规则

（1）设计开挖断面。有效工程量。

（2）允许超挖量计价后摊入有效工程量单价。

允许超挖厚度：一般石方　　　　　　　　　　0.2m

坡面石方　　　　　　　　　　0.3m

渠、槽、坑：

Ⅴ～Ⅹ级　　　　　　　　　　0.2m

Ⅺ～ⅩⅥ级　　　　　　　　　0.15m

洞挖石方：普通爆破（径向）　0.2m

光面爆破（径向）　　　　　　0.15m

（3）水下石方爆破工程量，设计开挖断面。

三、石方工程单价编制示例

【例 4-2】　某水电站（一类工程）坝基石方开挖，Ⅹ级岩石，手风钻。设计线以上 0.5～1m 内占 30%（其中底部 20%；坡面 $\alpha=25°$，占 10%），电爆；一般石方开挖占 70%（其中底部 50%，坡面 20%），电爆。求坝基开挖单价。

解 经套定额计算：

一般石方（20005♯） 开挖 43.12 元/m³
坡面一般石方（20165♯） 开挖单价 65.42 元/m³
底部保护层（20205♯） 开挖单价 84.26 元/m³
坡面保护层（20185♯） 开挖单价 92.81 元/m³

则（不含运输及超挖摊销）为

$$43.12 \times 50\% + 65.42 \times 20\% + 84.26 \times 20\% + 92.81 \times 10\% = 60.78（元/m³）$$

【例 4-3】 某洞长 800m，一个工作面，$\alpha = 7°$，Ⅻ级岩石，弃渣场距洞口平均运距 0.5km（平距）。洞内双胶轮车（上坡）运，分别计算运距和运输单价。

解 （1）运距计算

1）洞内运输。

$$500/2 = 250（m）$$
$$\tan 7° = 0.1227 = 12.27\%$$

按总说明（有误改），10%以上折平系数为 4.0，250×4.0=1000（m）；

基本运距 200，套用定额子目 21073♯；

增运（1000−200）/50=16，套用定额子目 21074♯（×16）。

2）洞外运输 500/50=10，套用 21054♯（×10）。

（2）运输单价计算。

人工（60.7+6.6×16+5.5×10）×48.76=10 790.59

胶轮车（35.9+6.6×16+5.5×10）×5.40=1061.10

其他机材费（60.7×48.76+35.9×5.40）×2%=63.07

小计加综合系数 11 914.76×1.3288=15 832（元/100m³）=158.32（元/m³）

【例 4-4】 某工程有一条引水隧洞为三类工程，总长 2000m，开挖直径 6m（圆洞），岩石级别为Ⅺ级。

已知：施工方法：用三臂液压凿岩台车钻孔、光爆，一头进占，1m³ 挖机装 8t 自卸车洞外运输 5km。（柴油：8 元/kg；电：1.0 元/(kW·h)，水：0.5 元/m³，措施费 5%）

问题：

（1）计算《预算定额（2010）》通风机台班数量综合调整系数及石渣运输综合运距。

（2）计算洞挖预算单价。

解 （1）计算《预算定额（2010）》通风机台班数量综合调整系数：

洞长 2000m，一头开挖，即洞内运输距离为 1000m。

计算通风机综合系数 2.7，见《预算定额（2010）》。

开挖采用的定额编号：20 459+20 963。

运输采用的定额编号：21 273+21 271×5。

（2）每米洞长体积：3.14×3²×1=28.26m³。

超挖体积：3.14×（3.15²−3²）×1=2.90m³。

计算洞挖单价，见表 4-8～表 4-10。

表 4-8

洞挖单位估价表 （一）

序号	项目序号				
	项目名称		平洞石方开挖		
	定额编号		20459		
	施工条件		三臂凿岩台车		
	定额单位		100m³		
	工料名称	单位	单价	工料定额	合价
1	人工	工日	48.76	46.1	2247.84
2	钻头 64-76	个	300	0.75	225.00
3	钻头 89-102	个	400	0.14	56.00
4	钻杆	个	100	1.44	144.00
5	非电毫秒雷管	个	2	132.30	264.60
6	炸药	kg	6	199	1194.00
7	导爆管	m	1	529.0	529.00
8	三臂凿岩台车	台班	4202.56	0.60	2521.54
9	液压平台车	台班	601.83	0.40	240.73
10	轴流通风机 28kW	台班	260.62	3.97×2.7	1551.99
11	其他机材费	%	15	6726.86	1009.03
（一）	直接工程费小计				9983.73
（二）	措施费	%	5		499.19
一	直接费				10 482.92
二	间接费	%	11		155.67
三	利润	%	5		531.93
四	人工、材料补差				3519.80
1	人工	工日	20.84	46.1+15.119	1275.80
2	炸药	kg	10	199	1990
3	三臂凿岩台车	台班	160	0.60	96
4	液压平台车	台班	395	0.40	158
五	税金	%	3.28	14 690.32	481.84
六	合计				15 172.16
七	单价				151.72

表 4-9

洞挖单位估价表 （二）

序号	项目序号				
	项目名称		平洞超挖石方		
	定额编号		20963		
	施工条件		超挖部分翻渣清面（不含装渣）		
	定额单位		100m³		
	工料名称	单位	单价	工料定额	合价
1	人工	工日	48.76	28.8	1404.29
2	零星机材费	%	10		140.43

续表

序号					
	项目序号				
	项目名称			平洞超挖石方	
	定额编号			20963	
	施工条件			超挖部分翻渣清面（不含装渣）	
	定额单位			100m³	
	工料名称	单位	单价	工料定额	合价
（一）	直接工程费小计				1544.72
（二）	措施费	％	5		77.24
一	直接费				1621.96
二	间接费	％	11		178.42
三	利润	％	5		90.02
四	人工补差	工日	20.84	28.80	600.19
五	税金	％	3.28		81.69
六	合计				2490.59
七	单价				24.91

表 4-10　　　　　　　　　　　洞挖单位估价表（三）

序号	工料名称	单位	单价	石方洞内运输		洞外增运	
	项目名称			石方洞内运输		洞外增运	
	定额编号			21 273		21 271×5	
	施工条件			1m³ 挖 8t 自卸汽车运 1km		8t 自卸汽车运 5km	
	定额单位			100m³		100m³	
	工料名称	单位	单价				
1	人工	工日	48.76	2.4	117.02		
2	1m³ 挖掘机	台班	777.62	0.48	373.26		
3	74kW 推土机	台班	511.06	0.30	153.32		
4	8t 自卸汽车	台班	428.20	2.28	976.30	0.35×5	749.35
5	其他机材费	％	2		30.06		
（一）	直接工程费小计				1649.96		749.35
（二）	措施费	％	5		82.50		37.47
一	直接费				1732.46		786.82
二	间接费	％	11		190.57		86.55
三	利润	％	5		96.15		43.67
四	人工材料补差				870.11		435.19
1	人工费		20.84	2.4+6.12	177.56	3.5	72.94
2	1m³ 挖掘机	台班	310.5	0.48	149.04		
3	74kW 推土机	台班	238.50	0.30	71.55		
4	8t 自卸汽车	台班	207.00	2.28	471.96	0.35×5	362.25
五	税金	％	3.28	2889.29 94.77		1352.23	44.35
六	合计				2984.06		1396.58
七	单价				29.84		13.97

未计超挖单价（有效工程量综合单价）：151.72＋29.84＋13.97＝195.53 元/m³；

超挖单价（允许超挖量综合单价）：24.91＋29.84＋13.97＝68.72 元/m³；

石方开挖综合单价：＝195.53＋（2.9÷28.26）×68.72＝202.58 元/m³；

任务四　堆砌石工程单价

堆砌石工程包括堆石、砌石、抛石等。因其能就地取材，施工技术简单，造价低而在我国应用较普遍。

一、堆石坝

堆石坝（图 4-3）填筑受气候影响小，能大量利用开挖石渣筑坝，利于大型机械作业，

工程进度快、投资省。随着设计理论的发展，施工机械化程度的提高和新型压实机械的采用，国内外的堆石坝从数量和高度上都有了很大的进展。

（一）堆石坝施工

堆石坝施工主要为备料作业和坝上作业两部分。

1. 备料作业

备料作业指堆石料的开采运输。

图 4-3　堆石坝

石料开采前先清理料场覆盖层，开采时一般采用深孔阶梯微差挤压爆破。缺乏大型钻孔设备，又要大规模开采时，也可进行洞室大爆破。

要重视堆石料级配，按设计要求控制坝体各部位的石料粒（块）径，以保证堆石体的密实程度。为了确保料源符合大坝设计要求，必须进行爆破试验，选择最优爆破参数。

石料运输同土坝填筑。由于堆石坝铺填厚度大，填筑强度高，挖运机械应尽可能采用大容量，大吨位的机械。挖掘机或装载机装自卸汽车运输直接上坝是目前最为常用的一种堆石坝施工方法。

2. 坝上作业

坝上作用包括基础开挖处理、工作场地准备、铺料、填筑等。

堆石铺填厚度，视不同碾压机具，一般为 0.5～1.5m。

振动碾是堆石坝的主要压实机械，一般重 3.5～17t。碾压遍数视机具及层厚通过压碾试验确定，一般为 4～10 遍。碾压时为使填料足够湿润，提高压实效率，需加水浇洒，加水量通常为堆料方量的 20％～50％。

（二）堆石单价

1. 备料单价

堆石坝的石料备料单价计算，同一般块石开采一样，包括覆盖层清理，石料钻孔爆破和工作面废渣处理。

（1）覆盖层的清理费用，以占堆石料的百分率，摊入计算。

（2）石料钻孔爆破，施工工艺同石方工程。堆石坝分区填筑对石料有级配要求，主、次

堆石区料最大粒（块）径可达 1.0m 及以上，而垫层料、过渡层料仅为 0.08m、0.3m 左右，特殊垫层料应小于 0.2m。虽在爆破设计中尽可能一次获得级配良好的堆石料，但不少石料还需分级处理（如轧制加工等）。因此，各区料所耗工料相差甚远，而一般石方开挖定额很难体现这一因素，单价编制时要注意这一问题。

（3）石料运输，根据不同的施工方法，套用相应的定额计算。《浙江省水利水电建筑工程预算定额（2010）》第 24、25 节"填筑堆石料"定额，其堆石料运输所需的人工，机械等数量，已计入压实工序的相应项目中，不在备料单价中体现。

爆破、运输采用石方工程一章时，须加计损耗和进行定额单位换算。石方开挖单位为自然方，填筑为坝上压实方。

2. 压实单价

压实单价包括推平、洒水、碾压、辅边夯及各种坝面辅助工作等费用。同土方工程一样，压实定额中均包括了体积换算、施工损耗等因素，考虑到各区堆石料粒（块）径大小、层厚尺寸、碾压遍数的不同，压实单价应按过渡料、堆石料等分别编制。

3. 综合单价

堆石单价计算有以下两种形式：

（1）综合定额：采用（2010）定额编制堆石单价时，一般应按综合定额计算。这时将备料单价视作堆石料（包括反滤料、过渡料）材料预算价格，计入填筑单价即可。

（2）单项定额：当施工方法与《浙江省水利水电建筑工程预算定额（2010）》综合定额不同，需套用单项定额时，其备料单价计算与前述土方填筑相同，需进行体积换算和损耗计算等。

二、砌筑工程

水利水电工程中的护坡、墩墙、洞涵等均有用块石、条石或料石砌筑的，浙江省地方中小工程中应用尤为广泛。砌筑单价包括干砌石和浆砌石两种。

（一）砌筑材料

包括石材、填充胶结材料等。

1. 石材

卵石：最小粒径在 20cm 以上的河滩卵石，呈不规则圆形。卵石较坚硬，强度高，常用其砌筑护坡或墩墙。定额按码方计量。

块石：爆破开采的大小形状不一的石料。块石较规则，厚度大于 20cm，长宽各为厚度的 2~3 倍，至少有一面人体平整的石块。定额以码方计量。

条、料石：包括条石和料石。人工开采，形状规则，未经加工的称毛条石。根据石料表面加工的精度，又可分为粗料石和细料石。定额计量单位为清料方。

2. 填充胶结材料

水泥砂浆：强度高，防水性能好，多用于重要建筑物及建筑物的水下部位。

混合砂浆：在水泥砂浆中掺入一定数量的石灰膏、黏土或壳灰（蛎贝壳烧制），适用于强度要求不高的小型工程或次要建筑物的水上部位。

细骨料混凝土：用水泥、砂、水和 40mm 以下的骨料按规定级配配合而成，可节省水泥，提高砌体强度。

（二）砌筑单价

砌筑单价编制步骤：

1. 计算备料单价

覆盖层及废渣清除计算同堆石料。

套用砂石备料工程一章相应开采、运输定额子目计算（仅计算定额直接费）。如因施工方法不同，采用石方工程一章计算块石备料单价时，须进行自然方与码方的体积换算和损耗计算。

如为外购块石、条石或料石时，按材料预算价格计算方法计算。

2. 计算胶结材料价格

如为浆砌石或混凝土砌石，则需先计算胶结材料的半成品价格。

3. 计算砌筑单价

套用相应定额计算。砌筑定额中的石料数量，均已考虑了施工操作损耗和体积变化（码方清料方与实方间的体积变化）因素。

三、编制堆砌石工程单价应注意的问题

（1）石料自料场至施工现场堆放点的运输费用，应包括在石料单价内。施工现场堆放点至工作面的场内运输已包括在砌石工程定额内。编制砌石工程单价时，不得重复计算石料运输费。

（2）编制堆砌石工程概算单价时，应考虑在开挖石渣中捡集块（片）石的可能性，以节省开采费用，其利用数量应根据开挖石渣的多少和岩石质量情况合理确定。

（3）浆砌石定额中已计入了一般要求的勾缝，如设计有防渗要求的开槽勾缝，应增加相应的人工和材料费。

（4）料石砌筑定额包括了砌体外露面的一般修凿，如设计要求作装饰性修凿，应另行增加修凿所需的人工费。

（5）对于浆砌石拱圈和隧洞砌石定额，要注意是否包括拱架及支撑的制作、安装、拆除、移设的费用。

（6）堆石坝的垫层料、过渡料是指堆石坝的防渗体与坝壳（堆石）之间的过渡区石料，应由粒径、级配均有一定要求的碎石或砾石、砂等组成。

（7）各类砌石定额中已包括胶凝材料、和石料数量，各类浆砌、混凝土砌块石定额中也已包括养护工序，编制单价时，不要重复计算费用。

另外，为了节省工程投资，降低工程造价，提高投资效益，在编制坝体填筑单价时，应考虑利用枢纽建筑物的基础或其他工程开挖出渣料直接上坝的可能性。其利用比例可根据施工组织设计安排的开挖与填筑进度的衔接情况合理确定。

四、工程量计算规则

（1）设计轮廓尺寸。围垦工程筑堤抛石工程量，应计入设计（永久）沉降量。

（2）钢筋笼、合金网兜沉放，按设计图纸要求计算（m^3）。

（3）浆砌条料石贴面：贴面面积×条料石厚度

（4）爆破挤淤法爆填堤心石：设计轮廓尺寸。

五、堆、砌石单价计算

（一）堆石坝单价

1. 综合定额

（1）须为挖掘机装自卸汽车上坝的施工方法。

（2）应先计算堆石料备料（开采）单价（《预算定额（2010）》中三-22，似求出堆石料材料预算价格，仅计直接工程费，不能加入间接费等费用）。

（3）反滤料及过渡料填筑压实计算同堆石料。

（4）砂砾料上坝。一条龙，无备料单价问题。

2. 单项定额

当施工方法同综合定额不符时，采用。

（1）计取堆石料备料（开采）单价（堆方，《预算定额（2010）》中三-22，需另计损耗及松实系数）。

（2）计算堆石料运输单价（第二章出渣定额换算，需另计损耗及松实系数）。

（3）压实单价，见《预算定额（2010）》中三-23（实方）。

（4）填筑（综合）单价＝①＋②＋③。

（二）砌筑单价

1. 先计算石料单价

因砌筑定额中的块石、条石、料石等均有消耗数量，故须先计算出石料的备料单价（材料换算价格）。

外购，按材料预算价格计算方法为

$$（原价＋运杂费）\times（1＋采购及保管费率）$$

采保费浙江省一般不计或少计。

自行采备，按《预算定额（2010）》下册五章有关定额子目计算：

不计系数：开采及运输（《预算定额（2010）》五章）、砌筑各工序计量单位不同，不需换算，也不计损耗。

不计费率：不能计入各项费率（如按《预算定额（2010）》二章，则要进行体积换算）。

如"《预算定额（2010）》三-3　干砌块石"一节，计量单位为100m³砌体方，块石需用121码方（块石备料单价为"元/码方"），该"121"码方量已含松实换算及损耗因素。

2. 计算砌筑单价

套用相应定额，计算砌筑单价。

六、堆砌石工程单价编制示例

【例 4-5】 某水利工程堆石坝坝体填筑，工程类别为二类工程，坝体 70 万 m³，施工工艺流程为：堆石备料→挖装运输上坝→压实。

已知：堆石备料采用潜孔钻钻孔爆破，坝体堆石填筑采用 2m³ 油动挖掘机挖装 15t 自卸汽车运输 1km 上坝，13～14t 振动碾压实。基本资料：料场岩石级别为 X 类，试计算堆石坝坝体填筑预算单价。

（已知：柴油 8 元/kg；汽油 9 元/kg；炸药 16 元/kg；电 1 元/(kW·h)；水 0.5 元/m³；风 0.15 元/m³；措施费 5%）

解题思路： 先对堆石备料进行开采，然后备料上坝，最后进行压实。

定额编号：30093＋30122。

注意：《预算定额（2010）》章说明第七点。《预算定额（2010）》30122 已包括了从开采到坝面填筑的各项损耗。不必再加系数。

解 具体计算见表 4-11、表 4-12。

堆石坝坝体填筑预算单价：$20.90 \times 1.2 + 22.68 = 47.76$（元/m³）

表 4-11　　　　　　　　　堆石坝坝体填筑预算单位估价表（一）

序号	项目序号				
	项目名称			堆石备料	
	定额编号			30093	
	施工条件			潜孔钻孔	
	定额单位			100m³	
	工料名称	单位	单价	工料定额	合价
1	人工	工日	48.76	4.6	224.30
2	潜孔钻钻头 100 型	个	400	0.17	68
3	冲击钻	个	1500	0.02	30
4	钻杆	个	100	0.34	34
5	合金钻头	个	35	0.08	2.8
6	空心钢	kg	7	0.22	1.54
7	雷管	个	2	14.54	29.08
8	炸药	kg	6	40.79	244.74
9	导火线	m	1	106.59	106.59
10	潜孔钻 100 型	台班	720.73	0.40	288.29
11	手风钻	台班	125.63	0.31	38.95
12	5t 载重汽车	台班	463.02	0.15	69.45
13	其他机材费	%	5	913.44	45.67
（一）	直接工程费小计				1183.41
（二）	措施费	%	5		59.17
一	直接费				1242.58
二	间接费	%	12.5		155.32
三	利润	%	6		83.87
四	人工、材料补差				541.40
1	人工	工日	23.84	4.6＋1	133.50
2	炸药	kg	10	40.79	407.90
五	税金	%	3.28	2023.17	66.36
六	合计				2089.53
七	单价				20.90

表 4-12　　　　　　　　　堆石坝坝体填筑预算单位估价表（二）

序号	项目序号				
	项目名称			堆石料上坝填筑	
	定额编号			30122	
	施工条件			15t 自卸汽车运 1km	
	定额单位			100m³	
	工料名称	单位	单价	工料定额	合价
1	人工	工日	48.76	3.0	146.28
2	堆石料	m³	0	120	0

续表

序号	项目序号			项目名称		
	项目名称			堆石料上坝填筑		
	定额编号			30122		
	施工条件			15t自卸汽车运1km		
	定额单位			100m³		
	工料名称	单位	单价	工料定额		合价
3	水	m³	0.50	25		12.5
4	2m³油压挖掘机	台班	904.43	0.25		226.11
5	74kW推土机	台班	511.06	0.27		137.99
6	15t自卸汽车	台班	614.68	0.96		590.09
7	13~14t振动碾	台班	768.92	0.08		61.51
8	手扶式振动碾	台班	107.16	0.15		16.07
9	其他机材费	3%		1044.27		31.33
（一）	直接工程费小计					1221.88
（二）	措施费	%	5			61.09
一	直接费					1282.97
二	间接费	%	12.5			160.37
三	利润	%	6			86.60
四	人工、材料补差					665.73
1	人工补差	元	23.84	6.27		149.48
2	柴油补差	元	5	103.25		516.25
五	税金	%	3.28	2195.67		72.02
六	合计					2267.69
七	单价					22.68

任务五　混凝土工程单价

混凝土具有强度高、抗渗性好、耐久等优点，在水利水电工程中应用十分广泛。混凝土工程投资在水利水电工程总投资中常占有很大的比重。

混凝土按施工工艺可分为现浇和预制两大类。

现浇混凝土又可分为常规混凝土和碾压混凝土两种。

现浇混凝土的主要生产工序有模板的制作、安装、拆除，混凝土的拌制、运输、入仓、浇筑、养护、凿毛等。对于预制混凝土，还要增加预制混凝土构件的运输、安装工序。

一、现浇混凝土单价编制

（一）混凝土半成品单价

混凝土半成品单价指按级配计算的砂、石、水泥、水、掺和料及外加剂等每一立方米混凝土的材料费用的价格。它不包括拌制、运输、浇筑等工序的人工、材料和机械费用，也不包含除搅拌损耗外的施工操作损耗及超填量等。

混凝土半成品单价在混凝土工程单价中占有较大比重，编制概算单价时，应按本工程的混凝土级配试验资料计算。如无试验资料，可参照定额附录混凝土级配表计算混凝土材料单价。

为节省工程材料消耗，降低工程投资，使用《预算定额（2010）》时，需注意下列问题：

（1）编制拦河坝等大体积混凝土概算单价时，需掺和适量的粉煤灰以节省水泥用量，其掺量比例应根据设计对混凝土的温度控制要求或试验资料选取。如无试验资料，可根据一般工程实际掺用比例情况，按《预算定额（2010）》附录"掺粉煤灰混凝土材料用量表"选取。

（2）现浇水工混凝土标号的选取，应根据设计对不同水工建筑物的不同运用要求，尽可能利用混凝土的后期强度（60、90、180、360 天），以降低混凝土标号，节省水泥用量。

混凝土强度等级一般以 28 天龄期的抗压强度计，如设计龄期超过 28 天，按表 4-13 系数换算。计算结果如介于两种强度之间时，应选用高一级的强度等级。

表 4-13　　　　　　　　　　混凝土设计龄期标号换算系数表

设计龄期（天）	28	60	90	180	360
标号换算系数	1.00	0.85	0.80	0.70	0.65

（3）骨料系数。

（4）埋石混凝土。

（5）有抗冻抗渗要求时，按相应水灰比选取混凝土强度等级。

（二）混凝土拌制单价

混凝土的拌制，包括配料、运输、搅拌、出料等子工序。

混凝土搅拌系统布置视工程规模大小、工期长短、混凝土数量多少，以及地形位置条件、施工技术要求和设备拥有情况，采用简单的混凝土搅拌站（一台或数台搅拌机组成），或设置规模较大的搅拌系统（由搅拌楼和骨料、水泥系统组成的一个或数个系统）。

《预算定额（2010）》混凝土章中大体积现浇定额各节，一般未列混凝土拌制的人工和机械，其混凝土拌制可按四-61 至四-62 节混凝土拌制定额算出的单价计算。而一般小型混凝土浇筑定额中，混凝土拌制所需人工、机械都已在浇筑定额的相应项目中体现。

在使用定额时，要注意：

（1）混凝土定额子目中，以组班表示的"骨料运输系统"和"水泥输送系统"是指骨料、水泥进入搅拌楼之前与搅拌楼相衔接而必需配备的有关机械设备，包括自搅拌楼骨料仓下廊道内接料斗开始的胶带输送机及其供料设备：自水泥罐开始的水泥提升机械或空气输送设备，胶带运输机和吸尘设备，以及袋装水泥的拆包机械等。

其组班费用根据施工组织设计选定的施工工艺和设备配备数自行计算。当不同容量搅拌机械代换时，骨料和水泥系统也应乘相应系数进行换算。

（2）混凝土运输单价。混凝土运输是指混凝土自搅拌机（楼）出料口至浇筑现场工作面的运输，是混凝土工程施工的一个重要环节，包括水平运输和垂直运输两部分。

由于混凝土拌制后不能久存，运输过程又对外界影响十分敏感，工作量大，涉及面广，故常成为制约施工进度和工程质量的关键。

水利水电工程多采用数种运输设备相互配合的运输方案。不同的施工阶段，不同的浇筑部位，可能采用不同的运输方式。在大体积混凝土施工中，垂直运输常起决定性作用。

定额编制时，都将混凝土水平运输和垂直运输单列章节，以供灵活选用。

根据施工组织设计要求选用不同的水平及垂直运输机具方式，然后从《预算定额（2010）》

四-63 至四-78 节选用定额计算出直接工程费，代入混凝土工程定额分项中。

各节现浇混凝土定额中"混凝土运输"的数量，未包括完成每一定额单位有效实体所需增加的超填量和施工附加量等的数量。编制单价时，应计算上述合理的工程量，采用相应合适的定额计算，再摊入有效工程量单价。

（三）混凝土浇筑单价

（1）混凝土的浇筑主要工序包括基础面清理、施工缝处理、入仓、平仓、振捣、养护、凿毛等。

（2）影响浇筑工序的主要因素有：仓面面积、施工条件等。

1）仓面面积大，便于发挥人工及机械效率，工效高。

2）施工条件对混凝土浇筑工序的影响很大。

例如隧洞混凝土浇筑的入仓、平仓、振捣的难度较露天浇筑混凝土要大得多，工效也低得多。又如有些部位的混凝土（如混凝土管）不能在浇筑前将模板一次安装完毕，须在浇筑过程继续安装模板，立模与浇筑工序交叉进行，影响浇筑工效。

（3）隧洞混凝土衬砌定额中所示的"开挖断面"和"衬砌厚度"均为设计尺寸，不包括允许超挖部分。

隧洞衬砌定额适用于半洞单独作业，如开挖衬砌平行作业时，人工机械定额乘以 1.3 系数，斜洞衬砌按平洞衬砌定额人工、机械乘以 1.23 系数计算。

二、碾压混凝土

碾压混凝土在工艺和工序上与常规混凝土不同，碾压混凝土的主要工序有：刷毛、冲洗、清仓、铺水泥砂浆、模板制作、安装、拆除、修整、混凝土配料、拌制、运输、平仓、碾压、切缝、养护等，与常规混凝土有较大差异。故定额中碾压混凝土单独成节。

三、预制混凝土单价

预制混凝土有混凝土预制、构件运输、安装三个工序。

（1）混凝土预制的工序与现浇混凝土基本相同。

（2）混凝土预制构件运输包括装车、运输、卸车，应按施工组织设计确定的运输方式、装卸和运输机械、运输距离选择定额。

（3）混凝土预制构件安装。当混凝土构件单位重量太大，超出起吊设备的能力，设计往往将构件分段，例如大跨度的渡槽或桥梁上的拱肋，常常分成三段或五段，此时构件的就位、固定、连接等工序施工难度大，工效非常低，编制单价时应充分注意。

预制混凝土单价＝构件预制单价＋构件运输单价＋构件安装单价。

四、混凝土温度控制措施费用的计算

为防止拦河坝等大体积混凝土由于温度应力而产生裂缝和坝体接缝灌浆后接缝再度拉裂，根据现行设计规程和混凝土设计及施工规范的要求，高、中拦河坝等大体积混凝土工程的施工，都必须进行混凝土温控设计，提出温控标准和降温防裂措施。根据不同地区的气温条件，不同坝体结构的温控要求，不同工程的特定施工条件及建筑材料的要求等综合因素，分别采取风或水预冷骨料，加冰或加冷水拌制混凝土，对坝体混凝土进行一、二期通水冷却及表面保护等措施。

1. 编制原则及依据

为统一温控措施费用标准，简化费用计算办法，提高概算的准确性，在计算温控费用时，应根据坝址区月平均气温、设计要求温控标准、混凝土冷却降温后的降温幅度和混凝土浇筑温度，参照下列原则作为计算和确定混凝土温控措施费用的依据。

（1）月平均气温在 20℃以下，当混凝土拌和物的自然出机口温度能满足设计要求不需采用特殊降温措施时，不计算温控措施费用。对个别气温较高时段，设计有降温要求时，可考虑一定比例的加冰或加水拌制混凝土的费用，其占混凝土总量的比例一般不超过 20%。

当设计要求的降温幅度为 5℃左右，混凝土浇筑温度约 18℃时，浇筑前需采用加冰和加冷水拌制混凝土的温控措施，其占混凝土总量的比例，一般不超过混凝土总量的 35%；浇筑后尚需采用坝体预埋冷地水管，对坝体混凝土进行一、二期通水冷却及混凝土表现保护等措施。

（2）月平均气温为 20～25℃。当设计要求降温幅度为 5～10℃时，浇筑前需采用风或水预冷大骨料，加冰和加冷水拌制混凝土等温控措施。其占混凝土总量的比例，一般不超过 40%；浇筑后需采用坝体预埋冷却水管，对坝体混凝土进行一、二期通低温水冷却及混凝土表现保护等措施。

当设计要求降温幅度大于 10℃时，除将风或水预冷大骨料改为风冷大、中骨料外，其余措施同上。

（3）月平均气温在 25℃及以上。当设计要求降温幅度为 10～20℃时，浇筑前需采用风和水预冷大、中、小骨料，加冰和加冷水拌制混凝土等措施，其占混凝土总量的比例，一般不超过 50%；浇筑后必须采用坝体预埋冷却水管，对坝体混凝土进行一、二期通低温水冷却及混凝土表面保护等措施。

2. 混凝土温控措施费用的计算步骤

（1）基本参数的选定。

1）工程所在地区的多年月平均气温、水温、设计要求的降温幅度及混凝土的浇筑温度和坝体容许温差。

2）拌制每立方米混凝土需加冰或加冷水的数量、时间及相应措施的混凝土数量。

3）混凝土骨料预冷的方式，平均预冷每立方米骨料所需消耗冷风、冷水的数量，温度与预冷时间，每立方米混凝土需预冷骨料的数量，需进行骨料预冷的混凝土数量。

4）设计的稳定温度，坝体混凝土一、二期通水冷却的时间、数量及冷水温度。

5）各制冷或冷冻系统的工艺流程，配置设备的名称、规模、型号和数量及制冷剂的消耗指标等。

6）混凝土表面保护材料的品种、规模与保护方式及应摊入每立方米混凝土的保护材料数量。

（2）温控措施费用计算。

1）温控措施单价的计算，包括风或水预冷骨料、制片冰、制冷水、坝体混凝土一、二期通低温水和坝体混凝土表面保护等温控措施的单价。

一般可按各系统不同温控要求所配置设备的台班总费用除以相应系统的台班净产量计算，从而可得各种温控措施的费用单价。

2）混凝土温控措施综合费用的计算。混凝土温控措施综合费用，可按每 m³ 坝体或大体积混凝土应摊销的温控费计算。

根据不同温控要求，按工程所需要预冷骨料、加冰或加冷水拌制混凝土、坝体混凝土通水冷却及进行混凝土表面保护等温控措施的混凝土量占坝体等大体积混凝土总量的比例，乘以相应温控措施单价之和即为每立方米坝体或大体积混凝土应摊销的温控措施综合费用。其各种温控措施的混凝土量占坝体等大体积混凝土总量的比例，应根据工程施工进度、混凝土月平均浇筑强度及温控时段的长短等个体条件确定。

五、沥青混凝土工程单价编制

沥青是一种能溶于有机溶剂，常温下呈固体、半固体或液体状态的有机胶结材料。沥青具有良好的黏结性、塑性和不透水性，且有加热后溶化、冷却后黏性增大等特点，因而被广泛用于建筑物的防水、防潮、防渗、防腐等工程中。水利水电工程，沥青常用于防水层、伸缩缝、止水及坝体防渗工程。

1. 沥青混凝土的分类

沥青混凝土是由粗骨料（碎石、卵石）、细骨料（砂、石屑）、填充料（矿粉）和沥青按适当比例配制的。

（1）按骨料粒径分：

1）粗粒式沥青混凝土（最大粒径 35mm）；

2）中粒式沥青混凝土（最大粒径 25mm）；

3）细粒式沥青混凝土（最大粒径 15mm）；

4）砂质沥青混凝土（最大粒径 5mm）。

（2）按密实程度分：

1）开级配沥青混凝土，孔隙率大于 5%，含少量或不含矿粉。适用于防渗斜墙的整平胶结层和排水层。

2）密级配沥青混凝土，孔隙率小于 5%，级配良好，含一定量的矿粉。适用于防渗斜墙的防渗层沥青混凝土和岸边接头沥青混凝土。

水工常用的沥青混凝土为碾压式沥青混凝土，分开级配和密级配。

2. 沥青混凝土单价

（1）半成品单价。

沥青混凝土半成品单价，系指组成沥青混凝土配合比的多种材料的价格。其组成主要为：沥青、粗骨料、细骨料、石屑、矿粉

计算时，根据设计要求、工程部位选取配合比计算半成品单价。配合比的各项材料用量，应按试验资料计算。《预算定额（2010）》中无沥青混凝土配合比，可按商品沥青混凝土考虑。

（2）沥青混凝土运输单价。

沥青混凝土运输单价计算同普通混凝土。根据施工组织设计选定的施工方案，分别计算水平运输和垂直运输单价，再按沥青混凝土运输数量乘以每立方米沥青混凝土运输费用计入沥青混凝土单价。水平和垂直运输单价都只能计算直接工程费，以免重复。

（3）沥青混凝土铺筑单价。《预算定额（2010）》中只保留了路面沥青混凝土内容，其他基本取消，如发生，可采用部颁定额。

六、钢筋制安单价编制

钢筋是水利水电工程的主要建筑材料，由普通碳素钢（3 号钢）或普通低合金钢加热到塑性，再热轧而成，故又称热轧钢筋。常用钢筋多为直径 6～40mm。建筑物或构筑物所用

钢筋，一般须先按设计图纸在加工场内加工成型，然后运到施工现场绑扎安装。

1. 钢筋制作安装的内容

钢筋制作安装包括钢筋加工、绑扎、焊接及场内运输等工序。

（1）钢筋加工。加工工序主要为调直、除锈、划线、切断、弯制、整理等。采用手工或调直机、除锈机、切断机及弯曲机等进行。

（2）绑扎、焊接。绑扎是将弯曲成型的钢筋，按设计要求组成钢筋骨架。一般用18～22号铅丝人工绑扎。人工绑扎简单方便，无需机械和动力，是水利水电工程钢筋连接的主要方法。

由于人工绑扎劳动量大，质量不易保证，因而大型工程多用焊接方法连接钢筋。焊接有电弧焊（即通常称的电焊）和接触焊两类。电弧焊主要用于焊接钢筋骨架。接触焊包括对焊和点焊，对焊用于接长钢筋，点焊用于制作钢筋网。

钢筋安装方法有散装法和整装法两种。散装法是将加工成型的散钢筋运到工地，再逐根绑扎或焊接。整装法是在钢筋加工厂内制作好钢筋骨架，再运至工地安装就位。水利水电工程因结构复杂，断面庞大，多采用散装法。

2. 钢筋制安单价计算

水利水电工程除施工定额按上述各工序内容分部位编有加工、绑扎、焊接等定额外，概预算定额及投资估算指标大多不分工程部位和钢筋规格型号综合成一节"钢筋制作与安装"定额。

《预算定额（2010）》中该节适用于现浇及预制混凝土的各部位，以"t"为计量单位。

定额已包括切断及焊接损耗、截余短头作废料损耗等，也已包括规范规定的钢筋搭接、施工用架立筋等所耗用的施工附加量。

七、工程量计算规则

（1）设计图示尺寸。

规范允许超填量计算费用后摊入相应有效工程量单价。

（2）隧洞顶拱位置：圆形——顶部1/3周长部分；城门洞形——设计圆弧部分。

（3）墙体工程量，区分基础（或底板）、墙身，分别套相应定额。

（4）钢筋、预埋铁件制安工程量，按设计图净用量计算。其搭接、架立筋等施工附加量和操作损耗等，已在定额中包含。

（5）预制混凝土构件：空心板等应扣除空心部分体积；桩尖虚体积不扣；运、安定额，已含操作损耗。

（6）管道工程量，按设计管道长度计算。

八、现浇混凝土单价计算

1. 混凝土半成品单价

附录级配表的使用如下：

（1）令期系数：28d拟定，不同，换算；结果介于两标号间，选高一级标号级配计算。

如R90C20、C25、C30，则：

C20×0.8＝C16，取C20；

C25×0.8＝C20，取C20；

C30×0.8＝C24，取C25。

（2）骨料系数。按卵石、粗砂拟定，不同，换算。卵石换算碎石、粗砂换中细砂，或两者都换（碎石、中细砂混凝土），分计系数。

（3）埋石混凝土：

1）埋石混凝土半成品单价＝原级配混凝土单价×（1－埋石率）＋埋石率×块石预算价格×1.67。

2）因埋块石影响增加的人工应予计算。

（4）例：某工程防渗面板混凝土，为卵石、中砂混凝土，R90C20，42.5 号水泥，三级配，材料价已知。

解　1）龄期 C20×0.8＝C16，取 C20。

2）查级配表

水泥　　　217kg

砂　　　　0.42m³

石　　　　0.95m³

水　　　　0.125m³

3）粗砂改为中砂。

水泥：0.217t×1.04＝0.226t

砂：0.42m³×0.98＝0.412m³

石：0.95m³×0.98＝0.931m³

水：0.125m³×1.04＝0.130m³

4）半成品单价。

0.226×300＋0.412×55＋0.931×45＋0.130×0.85＝132.47（元/m³）

如水泥预算价格为 520 元/t，则每立方米混凝土补差为（520－300）×0.226×1.03×（1＋3.22%）＝52.86（元/m³）

2. 混凝土拌制单价

当定额中未列有搅拌机械时（主要项目），应计算拌制单价（在浇筑定额表中有一栏）。不计费率。

3. 模板单价

（1）计入相应内容中。一般定额已在浇筑定额的相应部分（人工、材料及其他机材费）中反映。钢（滑）模台车台班费，已含钢模摊销费用。

（2）单独计算单价。钢模、拉模单价，原则上应按安装定额中的"小型构件制作"子目计算。也可采用当地建工部分的预算价。不计费率。

（3）计入细部结构指标。如坝体及船闸的廊道模板。

4. 混凝土运输单价

分垂直运输和水平运输，均不计费率。注意问题：

（1）人力运，折平。

（2）隧洞施工：

洞外部分——露天作业定额的"基本运距＋增运"，

洞内部分——洞内作业定额的"增运"部分。

（3）缆机、门机、搭机。

1) 吊运高度＝装料（挂钩）区上升高度＋卸料（脱钩）区下降高度

2) 按是否直接入仓及吊运高度套定额。

5. 混凝土浇筑单价

上述各项工作已完成，即可进行计算。套用相应定额子目计算。

九、预制混凝土单价计算

预制混凝土单价＝构件预制单价＋构件运输单价＋构件安装单价

十、混凝土工程单价编制示例

【例 4-6】 某县城三类引水工程，引水闸重力式挡土墙厚 60cm，混凝土强度等级为 C20（二级配），埋块石率 5%，混凝土组成成材料见表 4-14。采用 0.4m³ 拌和机拌制混凝土，水平运输混凝土用双胶轮车运 100m，由于水闸较高，采用泻槽进行混凝土的垂直运输，斜距 10m，人工入仓浇筑。计算该水闸挡土墙混凝土工程预算单价（不包括块石运输及影响浇筑的费用）。

已知：(1) 各种人工、材料预算价格见表 4-14～表 4-17。（柴油：8 元/kg；汽油：9.5 元/kg；电：1.0 元/(kW·h)，风：0.15 元/m³）

(2) 取费标准：措施费费率 5%，间接费费率 10%，利润 5%，税金 3.41%。

解 (1) 计算每立方米混凝土材料单价。

查《预算定额（2010）》下册的附录"纯混凝土材料用量表"，并考虑埋石和中砂换粗砂的影响，计算混凝土半成品材料单价如表 4-14 所示。

(2) 计算混凝土拌制直接费。

查《预算定额（2010）》第四章"搅拌机拌制混凝土"，计算过程见表 4-15。

(3) 计算混凝土运输直接费。

先计算混凝土水平运输和垂直运输直接费，见表 4-16、表 4-17。

表 4-14　　　　　　　　　　埋石混凝土材料单价计算表　　　　　　　　　单位：100m³

材料名称	单位	材料预算量	材料单价（元）	合价（元）
块石	m³	1.67×5%	50	4.18
水泥（42.5）	t	0.261×1.04×(1−5%)	300	77.36
中砂	m³	0.51×0.98×(1−5%)	60	28.49
卵石	m³	0.80×0.98×(1−5%)	55	40.96
水	m³	0.15×1.04×(1−5%)	1.50	0.22
混凝土材料单价（元/m³）				151.21

表 4-15　定额编号：40336　　　　**0.4m³ 拌和机拌制混凝土**　　　　　　单位：100m³

项目	单位	数量	单价（元）	合价（元）
人工	工日	31	48.76	1511.56
0.4m³ 混凝土拌和机	台班	3.2	201.72	645.50
双胶轮车	台班	15.00	5.40	81.00
其他机材费	%	1	726.5	7.27
合计				2245.33
人工补差		31+6.4	20.84	779.42

表 4-16　定额编号：40363　　**双胶轮车运混凝土 100m**　　　单位：100m³

项目	单位	数量	单价（元）	合价（元）
人工	工日	16.0	48.76	780.16
双胶轮车	台班	16.0	5.40	86.4
其他机材费	%	3	86.4	2.59
合计				869.15
人工补差		16	20.84	333.44

表 4-17　定额编号：40374　　**泻槽运输混凝土**　　　单位：100m³

项目	单位	数量	单价（元）	合价（元）
人工	工日	5	48.76	243.80
其他机材费	%	6	243.80	14.63
合计				258.43
人工补差		5	20.84	104.20

（4）计算混凝土挡墙预算单价。

《预算定额（2010）》混凝土挡墙浇筑定额中的人工是按纯混凝土用量时编制的，当改成 5% 的埋石混凝土时，根据相关要求，需另加上 3.3 工日/100m³ 的用量。同时，混凝土挡墙作为综合单价计算时，必须考虑人工、柴油等限价因素，最后计算得出混凝土挡墙的单价为 437.96 元/m³，见表 4-18。

表 4-18　定额编号：40198　　**重力式混凝土挡墙**　　　单位：100m³

项目	单位	数量	单价（元）	合价（元）
人工	工日	156+3.3	48.76	7767.47
板枋材	m³	0.72	1500	1080
钢模板	kg	70	5.5	385
型钢	kg	106	5.0	530
卡扣件	kg	42	5.5	231
铁件	kg	120	5.5	660
C20 埋石混凝土（5%）	m³	103	151.21	15 574.63
水	m³	70	1.50	105
5t 载重汽车	台班	0.20	479.02	95.80
10t 履带起重机	台班	0.22	463.56	101.98
2.2kW 插入式振捣器	台班	8.90	24	213.60
风水枪	台班	3.73	149.51	557.67
7kW 离心水泵	台班	1.86	75.89	141.16
其他机材费	%	1.0	19 675.84	196.76
混凝土拌制	m³	103	22.45	2312.35
混凝土水平运输	m³	103	8.69	895.07
混凝土垂直运输	m³	103	2.58	265.74
直接工程费小计	项			31 113.23
措施费	项	5%	31 113.23	1555.66

续表

项目	单位	数量	单价（元）	合价（元）
间接费	项	10%	32 668.89	3266.89
利润	项	5%	35 935.78	1796.79
人工补差	工日	159.3＋58.4＋1.93	20.84	4577.09
10t 履带起重机柴油补差	台班	0.22	190	41.8
税金		3.41%	42 351.46	1444.18
合计				43 795.65
单价				437.96

任务六　基础处理工程单价

基础处理工程指为提高地基承载能力、改善和加强其抗渗性能及整体性所采取的处理措施。从施工角度讲，主要是开挖，回填、灌浆或桩（井）墙等几种方法的组合应用。其中灌浆是水利水电工程基础处理中最常用的有效手段，下面重点介绍。

一、钻孔灌浆

灌浆就是利用灌浆机施加一定的压力，将浆液通过预先设置的钻孔或灌浆管，灌入岩石、土或建筑物中，使其胶结成坚固、密实而不透水的整体的工艺。

1. 灌浆的分类

（1）按灌浆材料分，主要有水泥灌浆、水泥黏土灌浆、黏土灌浆、沥青灌浆和化学灌浆等。

（2）按灌浆作用分。

1）帷幕灌浆。为在坝基形成一道阻水帷幕，以防止坝基及绕坝渗漏，降低坝基扬压力而进行的深孔灌浆。

2）固结灌浆。为提高地基整体性、均匀性和承载能力而进行的灌浆。

3）接触灌浆。为加强坝体混凝土和基岩接触面的结合能力，使其有效传递应力，提高坝体坑滑稳定性而进行的灌浆。接触灌浆多在坝体下部混凝土固化收缩基本稳定后进行。

4）接缝灌浆。大体积混凝土由于施工需要而形成的许多缝，为了恢复建筑物的整体性，利用预埋的灌浆系统，对这些缝进行的灌浆。

5）回填灌浆。为使隧道顶拱岩面与衬砌的混凝土面，或压力钢管与底部混凝土接触面结合密实而进行的灌浆。

2. 灌浆工艺流程

一般为：施工准备→钻孔→冲洗→表面处理→压水试验→灌浆→封孔→质量检查。

（1）施工准备。施工准备包括场地清理、劳动组合、材料准备、孔位放样、电风水布置，以及机具设备就位、检查等。

（2）钻孔。采用手风钻、回转式钻机和冲击钻等钻孔机械进行。

（3）冲洗。用水将残存在孔内的岩粉和铁砂末冲出孔外，并将裂隙中的充填物冲洗干净，以保证灌浆效果。

（4）表面处理。为防止有压情况下浆液沿裂隙冒出地面而采取的塞缝、浇盖面混凝土等措施。

（5）压水试验。压水试验目的是确定地层的渗透特性，为岩基处理设计和施工提供依据。

压水试验是在一定压力下将水压入孔壁四周缝隙，根据压入的流量和压力，计算出代表岩层渗透特性的技术参数。

规范规定，渗透特性用透水率（q）表示，单位为吕荣（Lu），定义为：压水压力为 1MPa 时，每米试段长度每分钟（min）注入水量 1L 时，称为 1Lu（L/min·MPa·m）。

（6）灌浆。

1）灌浆方式。按照灌浆时浆液灌注和流动的特点，可分为纯压式和循环式灌浆两种。

纯压式灌浆：

单纯地把浆液沿灌浆管路压入钻孔，再扩张到岩层裂隙中。适用于裂隙较大、吸浆量多、孔深不超过 15m 的岩层。这种方式设备简单，操作方便，但当吃浆量逐渐变小时，浆液流动慢，易沉淀，影响灌浆效果。

循环式灌浆：

浆液通过进浆管进入钻孔后，一部分被压入裂隙，另一部分由回浆管返回拌浆筒。这样可使浆液始终保持流动状态，防止水泥沉淀，保证了浆液的稳定和均匀，提高灌浆效果。

2）灌浆顺序。按照灌浆顺序，灌浆方法有一次灌浆法和分段灌浆法。后者又可分为自上而下分段、自下而上分段及综合灌浆法。

① 一次灌浆法。将孔一次钻到设计深度，再沿全孔一次灌浆。施工简便，多用于孔深 10m 内、基岩较完整、透水性不大的地层。

② 分段灌浆法。自上而下分段灌浆法：

自上而下钻一段（与基岩接触段为 2m，余每段 5m 左右）后，冲洗、压水试验、灌浆。待上一段浆液灌注后，再进行下一段钻灌工作。如此钻、灌交替，直至设计深度。此法灌浆压力较大，质量好，但钻、灌工序交叉，工效低。多用于岩层破碎、竖向节理裂隙发育地层。

自下而上分段灌浆法：

一次性将孔钻到设计深度，然后自下而上利用灌浆塞逐段灌浆。这种方法钻灌连续，工效高，但不能采用较高压力，质量不易保证。一般适用于岩层较完整坚固的地层。

综合灌浆法：

通常接近地表的岩层较破碎、越往下则越完整，上部采用自上而下分段，下部采用自下而上分段，使之既能保证质量，又可加快速度。

（7）封孔。人工或机械（灌浆及送浆）用砂浆封填孔口。

（8）质量检查。质量检查的方法较多，最常用的是钻检查孔检查，取岩芯、作压水试验检查 Lu 值是否符合设计和规范要求。

3. 影响灌浆工效的主要因素

（1）岩石（地层）级别。岩石（地层）级别是钻孔工序的主要影响因素。岩石级别越高，对钻进的阻力越大，钻进工效越低，钻具消耗越多。

（2）岩石（地层）的透水性。透水性是灌浆工序的主要影响因素。透水性强（Lu 值高）的地层可灌性好，吃浆量大，单位灌浆长度的耗浆量大。反之，灌注每吨浆液、干料所需的人工、机械台班用量越少。

（3）施工方法。前述一次灌浆法和自下而上分段灌浆法的钻孔和灌浆两大工序互不干扰，工效高。自上而下分段灌浆法钻孔与灌浆相互交替，干扰大、工效低。

（4）施工条件。露天作业，机械的效率能正常发挥。隧洞（或廊道）内作业影响机械效率的正常发挥，尤其是对较小的隧洞（或廊道），限制了钻杆的长度，增加了接换钻杆次数，降低了工效。

二、混凝土防渗墙

建筑在冲积层上的挡水建筑物，一般设置混凝土防渗墙，是有效的防渗处理方式。

防渗墙施工包括造孔和浇筑混凝土两部分内容。

（1）造孔。防渗墙的成墙方式大多采用槽孔法。

造孔采用冲击钻机、反循环钻、双轮铣等机械进行。一般用冲击钻较多，其施工程序包括造孔前的准备、泥浆制备、造孔、终孔验收、清孔换浆等。冲击钻造孔工效不仅受地质土石类别影响，而且与钻孔深度大有关系。随着孔深的增加，钻孔效率下降较大。

（2）浇筑。防渗墙采用导管法浇筑水下混凝土。其施工工艺由浇筑前的准备、配料拌和、浇筑混凝土、质量验收组成。

由于防渗墙混凝土不经振捣，因而混凝土应具有良好的和易性。要求入孔时坍落度为18～22cm，扩散度34～38cm，最大骨料不大于4cm。

（3）定额表现形式。一般都将造孔和浇筑分列，前者以单孔进尺为单位，后者以阻水面积为单位，按墙厚和不同地层分列子目。

近年来，薄型防渗墙施工技术获得了长足发展，目前已开发应用的有射水法，高压定向喷射法，板桩墙法、链斗挖槽法和锯槽法等，薄型防渗墙成为堤坝可靠的截水防渗工程措施，目前已在长江大堤以及浙江省西险大塘、曹娥江大闸工程上应用。薄型防渗墙的工程造价较低，但受地质条件限制。

三、桩基工程

桩基工程是地基加固的主要方法之一，目的是提高地基承载力、抗剪强度和稳定性。

1. 振冲桩

软弱地基中，利用能产生水平向振动的管状振冲器，在高压水流下边振边冲成孔，再在孔内填入碎石或水泥、碎石等坚硬材料成桩，使桩体和原来的土体构成复合地基，这种加固技术称振冲桩法。

（1）施工机具。振冲桩主要机具为振冲器、吊机（或专用平车）和水泵。

1）振冲器是利用一个偏心体的旋转产生一定频率和振幅的水平向振动力进行振冲挤密或置换施工的专用机械。我国用于施工的主要有 ZCQ-30、ZCQ-55、ZCQ-75、ZCQ-150 等，其潜水电机功率分别为 30kW、55kW、75kW 和 150kW。

2）起吊机械包括履带式或轮胎式吊机、自行井架或专用平车等。吊机的起吊能力需大于 100～200kN。

3）水泵规格为出口水压 0.4～0.6MPa，流量 20～30m³/h。每台振冲器配一台水泵。

（2）制桩步骤。

1）振冲器对准桩位，开水、开电。

2）启动吊机，使振冲器徐徐下沉，并记录振冲器经各深度的电流值和时间。

3）当达设计深度以上 30～50cm 时，将振冲器提到孔口，再下沉，提起进行清孔。

4）往孔内倒填料，将振冲器沉到填料中振实，当电流达到规定值时，认为该深度已振密，并记录深度、填料量、振密时间和电流量；再提出振冲器，准备做上一深度桩体；重复上述步骤，自下而上制桩，直到孔口。

5）关振冲器，关水关电，移位。

（3）单价编制。振冲桩单价按地层不同分别采用定额相应子目。

由于不同地层对孔壁的约束力不同，所以形成的桩径不同，因此耗用的填料（碎石或碎石、水泥）数量也不相同。浙江省绍兴市汤浦水库有软土地基振冲桩施工较为成功的实例。

2. 灌柱桩

灌注桩施工工艺类似于防渗墙的圆孔法，主要采用泥浆固壁成孔（另外还有干作业成孔、套管法成孔、爆扩成孔等）。

（1）钻孔设备有推钻、冲抓钻、冲击钻、回旋钻等。

（2）灌注混凝土一般采用导管法浇筑水下混凝土。

定额一般按造孔和灌注分节。

四、编制基础单价应注意的问题

1. 基础处理工程的项目、工程量

土石方、混凝土、砌石工程等均按几何轮廓尺寸计算工程量，其计算规则简单明了。基础处理工程的工程量计算相对比较复杂，其项目设置、工程量数量及其单位均必须与《预算定额（2010）》的设置、规定相一致。

2. 检查孔

钻孔灌浆属隐蔽工程，质量检查至关重要。常用的检查手段是钻检查孔，取岩芯，作压水（浆）试验。要注意不要遗漏检查孔的钻孔、压水试验、灌浆费用。

3. 岩石的平均级别和平均透水率 q

岩土的级别和透水率分别为钻孔和灌浆两大工序的主要参数，正确确定这两个参数对钻孔灌浆单价有重要意义。

由于水工建筑物的地基绝大多数不是单一的地层组成，通常多达十几层或几十层组成。各层的岩石级别、透水率各不相同，为了简化计算，几乎所有的工程都采用一个平均的岩石级别和平均的透水率来计算钻孔灌浆单价。在计算这两个重要参数的平均值时，一定要注意计算的范围要和设计确定的钻孔灌浆范围完全一致，也就是说不要简单地把水文地质剖面图中的数值拿来平均，要注意把上部开挖范围内的透水性强的风化层和下部不在设计灌浆范围的相对不透水地层都剔开。

五、工程量计算规则

1. 高喷灌浆工程量

钻孔深度：设计孔底高程至钻机钻进工作面高程。

灌浆长度：设计（有效）灌浆长度。

2. 防渗墙

（1）冲击钻机造孔工程量。

1）单孔进尺（m）＝槽长（m）×平均槽深（m）/槽底厚度（m）

2）钻凿混凝土工程量（m）＝（槽段个数−1）×平均槽深（m）

（2）两钻一抓法成槽工程量，按成槽面积计算。

1）面积＝槽长×平均槽深

2）钻凿工程量（钻凿混凝土工程量应有，未提及，宜另计）。

（3）浇筑工程量，按设计阻水面积计算。超浇部分，另计摊入。

3. 塑性混凝土防渗墙（0.3厚，抓斗成槽，含成槽、浇筑工序）

按设计阻水面积计算。

4. 灌注桩

成孔桩长：自然地面至设计桩底长度。

灌注工程量：设计桩径断面积乘有效长度。

5. 搅拌桩

按设计桩径截面积乘有效长度计算。

空搅部分长度，按设计桩顶标高至自然地坪的长度减去0.5m计算，其费用摊入有效工程量单价。

6. 预制桩、管桩

设计有效桩长（包括桩尖长度）乘桩截面积（管桩空心部分应扣除）。设计规定凿除的桩头部分，其费用摊入有效工程量单价。

7. 沉井下沉

刃脚外缘面积乘下沉入土深度。

8. 塑料排水板

按设计深度（设计底标高至地面标高）、间距、排数计算。

地面标高，指插板机（如碎石垫层）位置标高。

9. 锚杆、锚索

按有效根数和有效束数计算。

六、基础处理单价编制示例

【例 4-7】　编制某三类枢纽工程坝基帷幕灌浆预算单价。

已知：（1）灌浆排数两排，灌浆方式为自下而上，在3m廊道内灌浆，平均孔深45m，岩层平均透水率7Lu，岩层为坚实的石灰岩，坚固系数为$f＝11$。

（2）各种人工、材料预算价格见表 4-19～表 4-20（柴油：8元/kg；汽油：9元/kg；水泥：0.47元/kg；电：1.0元/（kW·h），水：0.50元/m³）。

取费标准：措施费费率5%，间接费费率10.5%，利润5%，税金3.28%。

解　（1）计算坝基帷幕钻孔单价。

根据基本资料确定岩石等级为 X 级，钻孔单价计算见表 4-19。

（2）计算坝基灌浆单价。单价计算见表 4-20。

（3）坝基帷幕灌浆工程单价为

$$206.63＋337.45＝544.08（元/m^3）$$

表 4-19　定额编号：60004　　　　**坝基帷幕灌浆钻孔**　　　　　　　单位：100m

项目	单位	数量	单价（元）	合价（元）
人工	工日	48×1.1	48.76	2574.53
金刚石钻头	个	3.5	850	2975
扩孔器	个	1.23	450	553.50

续表

项目	单位	数量	单价（元）	合价（元）
岩芯管	m	6.83	70	478.1
钻杆	m	4.35	35	152.25
钻杆接头	个	4.18	40	167.20
水	m³	350	0.50	175
5t 载重汽车	台班	1.06×1.1	463.02	539.88
150 型地质钻机	台班	20.21×1.1	258.56	5748.05
其他机材费	%	5.0	10 788.98	539.45
直接工程费小计	项			13 902.96
措施费	项	5%	13 902.96	695.15
间接费	项	10.5%	14 598.11	1532.80
利润	项	5%	16 130.91	806.55
人工补差	工日	52.8+53.35	20.84	2212.17
税金		3.28%	19 149.63	628.11
合计				19 777.74
单价				197.78

表 4-20　定额编号：60079　　坝 基 灌 浆　　单位：100m

项目	单位	数量	单价（元）	合价（元）
人工	工日	123.6×1.1	48.76	6629.41
水泥	t	5.04	300	1512
水	m³	530	0.50	265
灌浆泵中低压	台班	26.80×1.1	219.24	6463.20
搅拌机灰浆	台班	26.80×1.1	102.14	3011.09
150 型地质钻机	台班	5.83×1.1	258.56	1658.15
灌浆自动记录仪	台班	22.78×1.1	69.86	1750.55
其他机材费	%	5.0	14 659.99	733.00
直接工程费小计	项			22 022.4
措施费	项	5%	22 022.4	1101.12
间接费	项	10.5%	23 123.52	2427.97
利润	项	5%	25 551.49	1277.57
人工补差	工日	135.96+103.38	20.84	4987.85
水泥补差	t	5.04	170	856.80
税金		3.28%	32 673.71	1071.70
合计				33 745.41
单价				337.45

任 务 七　疏 浚 工 程 单 价

一、定额章说明

1. 单位

计量单位除注明者外，均为水下自然方。

2. 客观影响系数

平均客观影响时间率＝（施工期内客观影响时间／施工期总时间）×100％

定额按平均客观影响时间率 10％以内拟定，大于 30％时，不执行本定额，具体见表 4-21。

表 4-21 客 观 影 响 系 数 表

客观影响时间级别	平均客观影响时间率	客观影响系数
一	≤10％	1.0
二	30％	1.25

3. 运距调整

实际运距超过 10km 时，超过部分（指超过 10km 部分）套用自航泥驳增运定额（抓斗式挖泥船定额中）的 0.75 计算。

4. 排高、挖深调整

排高大于或小于基本排高、挖深超过基本挖深时均需调整：

大于基本排高 $a=k_1^n$

小于基本排高 $b=l/k_1^n$

超过基本挖深 $c=n \times k_2$

调整系数

$$d=a+c \qquad 或 d=b+c$$

改本条末行"其他机械费"为"其他机材费"。

5. 排泥管长度计算（《预算定额（2010）》中十一）

排泥管长度＝岸管长度＋浮管长度×1.67＋潜管长度×1.14

6. 开挖层厚调整（《预算定额（2010）》中十二～十六）

开挖厚度与绞刀（或斗轮直径、或斗高）的比值或开挖厚度小于某一规定数值时，定额需调整。

二、工程量计算规则

1. 有效工程量

按设计几何轮廓尺寸计算

施工过程中疏浚设计断面以外增加的超挖量、施工期自然回淤量、开工展布与收工集合、避险与防干扰措施、辅助船只等所发生的费用，以及工程船舶的调遣费用，应摊入有效工程量的工程单价中，辅助工程（如浚前扫床和障碍物清除、排泥区围堰、隔埂、退水口及排水渠等项目）另行计量计价。

2. 排泥管线安拆

按施工组织设计要求计算。无明确要求时，按水下疏浚土方每 10 万立方米安拆一次计算。

3. 调遣费用

无规定。

三、疏浚工程单价计算示例

【例 4-8】 某河道疏浚工程，其中Ⅲ类土占 60％、Ⅳ类土占 40％，挖深 8m，排高 8m，平均开挖泥层厚 1.2m。开挖区中心距排放区中心 0.7km，需水上浮管 0.3km、岸管

0.4km，无潜管。据统计，客观影响时间占施工期总时间的12％。选用200m³/h绞吸式挖泥船施工。计算如下：

解 第一步：调整系数计算。

（1）客观影响系数：

查表4-21，影响时间率12％，内插。

客观影响系数＝1＋(12％－10％)×(1.25－1)÷(30％－10％)＝1.025

（2）超排高、超挖深系数：

超排高：8－6＝2（m），调整系数1.0152＝1.030；

超挖深：8－6＝2（m），调整系数2×0.03＝0.06；

定额调整系数：$a+c$＝1.030＋0.06＝1.090。

（3）泥层厚度影响系数：

开挖厚1.2m，选用船的绞刀直径1.4m，1.2÷1.4＝0.86，则内插为

1＋(1.05－1)×(0.86－0.9)÷(0.8－0.9)＝1.02

定额综合调整系数＝1.025×1.090×1.02＝1.140

第二步：定额调整。

排泥管线总长＝0.4＋0.3×1.67＝0.9（km），据此查得定额为70013、70018子目

（1）人工工日数＝(18×60％＋20×40％)×1.140＝21.43（工日）

（2）200m³/h挖泥船艘班量＝(9.44×60％＋10.38×40％)×1.140＝17.50（艘班）

（3）拖轮艘班量＝(2.45×60％＋2.70×40％)×1.140＝2.91（艘班）

（4）交通艇艘班量＝(4.91×60％＋5.40×40％)×1.140＝5.82（艘班）

（5）锚艇艘班量＝(2.83×60％＋3.11×40％)×1.140＝3.35（艘班）

（6）油船班艘量＝(3.77×60％＋4.15×40％)×1.140＝4.47（艘班）

第三步：计算（略）。

任务八 设备安装工程单价

一、项目构成

机电设备及安装工程、金属结构设备及安装工程构成枢纽工程总概算的第二、三项。

机电设备及安装工程由发电设备及安装工程、升压变电设备及安装工程和公用设备及安装工程三项组成，见表4-22。

表4-22 设备及安装工程预算表 单位：元

编号	项目名称	单位	数量	单价		合价	
				设备	安装	设备	安装

设备费的费用构成已在水利水电工程费用组成章节描述。

安装工程费包括设备安装费和构成工程实体的装置性材料费与装置性材料安装费。

二、安装工程定额

机电设备安装工程费是构成工程建安工作量的重要组成部分。浙江省水利厅、发改委、

财政厅以浙水建〔2010〕37 号文联合颁发《浙江省水利工程造价计价依据（2010）》，包括《浙江省水利水电工程设计概（预）算编制规定（2010）》、《浙江省水利水电安装工程预算定额》。在编制投资估算、设计概算、施工图预算时，应按上述定额和标准编制设备安装工程费。

（一）定额形式

定额编排形式：不设基价。人工按"工日"消耗量列示；材料，分主要材料（指在定额子目中已列项的材料）以消耗量列示，对量小、价低的次要材料（称其他材料费）以定额主要材料费合价的百分比形式表示；机械分主要施工机械（指在定额子目中已列项的施工机械）均以消耗量列示，对小型机具（称其他机械费）以主要施工机械费合价的百分比的形式表示。

未计列材料（又称装置性材料，也称未计价材料）：是指它既是材料、又是被制作安装的对象，制作安装完毕后构成工程实体，其用量未计列在定额表中，在定额章节说明中加以注明，其用量一般按单位用量加定额规定的损耗量。

（二）定额编制范围及内容

《浙江省水利水电安装工程预算定额（2010）》在水利部 1999 年颁发的《水利水电设备安装工程预算定额》的基础上结合浙江省实际情况拟定定额的编制范围及章节子目设置内容。

1. 编制范围

单机容量在 50 000kW 以下，即水轮机设备每套自重 1～500t、水轮发电机设备每套自重 1～500t。其中：贯流（灯泡）式水轮机 5～600t，贯流（灯泡）式水轮发电机 5～500t。

电压等级在 220kV 以下，即发电电压为 10kV 以下、变电站的电压等级为 35（含35kV）～220kV。

其他按照以上机组容量、电压等级的水利水电工程配套所需的主要设备及装置。

2. 章节子目的设置

本定额根据编制大纲中确定的编制原则、编制范围，拟编列水轮机、调速系统、水轮发电机、进水阀、大型水泵、水力机械辅助设备、电气设备、变电站设备、通信设备、电气调整、通风空调设备、起重设备、金属闸门制作、闸门安装、压力钢管、其他金属结构、设备工地运输共十七章 81 节 1132 个子目。

（三）安装定额的使用

《浙江省水利水电安装工程预算定额（2010）》主要适用于浙江省新建、扩建的水利水电工程。该定额以实物量为主要表现形式，有少量的定额子目采用以设备原价为计算基础的安装费率形式。定额包括的内容为安装直接工程费（含安装费和未计价装置性材料费），不包括间接费、企业利润和税金等项费用。

1. 设备与材料的划分

（1）设备。凡是经过加工制造，由多种材料和部件按各自用途组成的具有功能、容量及能量传递或转换性能的机器、容器和其他机械、成套装置等均为设备。设备分为标准设备和非标准设备。

制造厂成套供货范围的部件、备品备件、设备体腔内定量填筑物（如透平油、变压器油、六氟化硫气体等）均作为设备。

不论成套供货、现场加工或零星购置的储气罐、储油罐、闸门、盘用仪表、机组本体上的梯子、平台和栏杆等均作为设备，不能因供货来源不同而改变设备性质。

计算安装费时，不计设备本身价值。

（2）材料。为完成建筑安装工程所需的经过加工的原材料和在工艺生产过程中不起单元工艺生产作用的设备本体外的零件、附件、成品、半成品等均为材料。

电缆、电缆头、电缆和管道用的支吊架、母线、金具、滑触线和架、屏盘的基础型钢、钢轨、石棉板、穿墙隔板、绝缘子、一般用保护网、罩、门、梯子、平台、栏杆和蓄电池木架等，均作为材料。

各类管道和在施工现场制作加工完成的压力钢管、闷头等全部列为材料。

计算安装费时，应列入材料本身价格。

2. 按设备重量划分子目的定额

当所求设备的重量界于同类型设备的子目之间时，可按插入法计算安装费。

3. 现行《预算定额（2010）》定额规定的工作内容外还应包括的工作和费用

（1）设备安装前后的开箱、检查、清扫、滤油、注油、刷漆和喷漆工作。

（2）安装现场 100m 内的水平运输和正负 15m 垂直运输（不含压力钢管）。

（3）随设备成套供应的管路及部件的安装。

（4）设备本身试运转、管和罐的水压试验、焊接及安装的质量检查。

（5）现场临时设施的搭拆及其材料的摊销，专用特殊工器具的摊销。

（6）竣工验收移交生产前对设备的维护、检修和调整。

（7）次要的施工过程和工序。

（8）施工准备及完工后的现场清理工作。

4. 本定额不包括的工作内容和费用

（1）由设备供货商随设备供应的材料和部件，如水轮发电机定子线圈用的绝缘材料、油漆、绑线、焊锡和设备的连接螺栓、铆钉、基础铁件等。

（2）设备腔体内定量填充物，如变压器油、透平油、六氟化硫气体等。

（3）鉴定设备制造质量的工作。

（4）设备基础的开挖回填、混凝土浇筑、灌浆、抹灰工作。

（5）设备、构件的喷锌、镀锌、镀铬及要求特殊处理的工作。

（6）材料的质量复检工作。

（7）按施工组织设计设置在各安装场地的总电源开关及以上线路敷设维护工作。

（8）大型临时设施。

（9）施工照明。

（10）属设备供货商责任的设备缺陷或缺件的处理。

（11）机组和系统联合试运行期间所发生的费用。

（12）由于设备运输条件的限制及其他原因需在现场的组装工作（应属设备制造厂工作内容），如水轮机水涡轮分瓣组焊、定子矽钢片现场叠装、定子线圈现场整体下线及铁损试验工作等。

5. 使用水电（泵）站主厂房桥式起重机进行安装施工

桥式起重机台班费中不应计算基本折旧费和安装拆卸费。

6. 计算未计价装置性材料价值

要按规定计入操作损耗率，未计价材料损耗率表定额总说明。

7. 定额套用及项目划分中应注意的问题

（1）水轮机以"台"为计量单位，按设备自重（包括随机附件及埋件重量）选用子目。随机到货的管路和器具等安装，以及与发电机联轴调整随机到货的管路和器具等安装，以及与发电机联轴调整。

（2）调速器以"台"为计量单位，按调速器接力器容量或主配阀直径选用子目。当接力器容量与主配阀直径两种参数均有时，按后者选用子目。油压装置油压装置以"套"为计量单位，按油压装置额定油压（MPa）选用子目。调速器定额按额定工作油压按 6.3MPa 拟定。额定工作油压小于 6.3MPa 时定额乘以 0.9 系数。额定工作油压大于 6.3MPa，定额乘以 1.1 系数。

（3）进水阀：蝴蝶阀、球阀以"台"为计量单位，按设备直径选用子目，其他主阀以"t"为计量单位，包括辅助设备安装。其他进水阀安装：以"t"为计量单位。

（4）大型水泵以"台"为计量单位，按全套设备自重选用子目，水泵的主阀和辅助设备及管路安装，可按《预算定额（2010）》第四章和第六章相应定额子目进行计算。

（5）水力机械辅助设备，包括油系统、压气系统、水系统、水力监视测量系统设备，油、气、水、测量系统（含管子、附件、阀门等）的安装。

辅助设备以"t"为计量单位，计算重量时应包括机座、机体、附件及电动机的全部重量。管路安装以"100m"为计量单位，按公称直径选用子目。未计列材料：管材、法兰、连接螺栓、阀门、表计及过滤器。

（6）厂坝区馈电工程、排灌站供电工程设备安装可套用厂用配电设备应定额。

（7）电缆，本节包括电缆桥架、托盘、槽盒安装；电缆管敷设；电缆敷设；电缆头制作安装；电缆防火设施等项目安装共设列 67 个子目。未计价材料：桥架、托盘、梯架、槽盒等。电缆安装工程中所需的挖填土石方、电缆沟等土建工程。电缆敷设定额中均未考虑波形弯曲增加的长度及预留等富裕长度。

（8）通风空调设备，本章包括风机和空调设备安装、通风管及附件制作安装、通风管保温共四节。消防设备、照明设备套用全国统一安装定额。

（9）桥式起重机安装，以"台"为计量单位，按桥式起重机主钩起重能力选用子目。如桥式起重机配置平衡梁时，其定额应按主钩起重能力加平衡梁重量之和选用子目，平衡梁安装不再单列。本节不包括轨道和滑触线安装及负荷试验物的制作和运输。

（10）门式起重机安装，以"台"为计量单位，按门式起重机自重选用子目。不包括门式起重机行走轨道的安装、负荷试验物的制作和运输（混凝土、钢锭）。

（11）金属闸门制作，以重量"t"为计量单位。按设计图纸计算工程量，包括本体及其附件等全部重量。不扣减焊接需要切除的坡口重量，也不计算电焊所增加的重量。未计列材料：钢材（钢板、型钢、圆钢）、铸锻件、轴、轴承、轴套、止水水封、滑块、连接螺栓、尼龙件等。

（12）金属闸门安装，以重量"t"为计算单位。按设计图纸计算工程量，包括本体及其附件等全部重量。闸门埋设件的基础螺丝、闸门止水装置的橡皮水封和安装组合螺栓等均作为设备部件，不包括在本定额内。

（13）压力钢管，以重量"t"为计量单位，按钢管直径和壁厚选用子目。按设计图纸计算工程量，钢管重量应包括钢管本体和加劲环、支承环等全部构件重量。不扣减焊接需要切除的坡口重量，也不计算电焊所增加的重量。未计列材料：钢管、加劲环、支承环本体材料。

（14）附录，包括七个附录：水力机械管子重量，单台机组全厂接地钢材用量，单台机组保护网用量，油桶重量，立式储气罐重量，概（估）算安装参考费率，人、材、机电算编号表。

（15）设备体腔内的定量填充物，应视为设备，其价值进入设备费。

1）透平油。透平油的作用是：散热、润滑、传递受力。在以下装置内填充透平油：

① 水轮机、发电机的油槽内，调速器及油压装置内；

② 进水阀本体的操作机构内、油压装置内。

透平油应单独计算，数量详见设计图纸。预算单价用该工程所在地当时的透平油单价。此价款和相应的设备费相加。

2）变压器油。变压器油的作用是散热、绝缘和灭电弧。按气温零下几度还能正常使用来划分变压器油的型号。

在以下装置内充填变压器油：主变压器；所有油浸变压器；油浸电抗器；所有带油的互感器；油断路器；消弧线卷。

变压器油由制造厂供给，其油款在设备出厂价内已包括。

3）油压启闭机用油：根据订货合同，未包括时应另计油款。可行性研究设计阶段，按图纸上的数量确定。

4）六氟化硫断路器中：SF_6 应另计算其费用。

（16）厂房和副厂房内的生活给排水属于建筑工程。

（四）工程量计算规则

（1）本定额对应的工程量为有效工程量，即按设计几何轮廓尺寸计算的工程量，除另有说明外，定额及装置性材料损耗率表未包括因各种弯曲或弧垂而增加的长度及为连接电气设备而预留的长度等安装附加量。

（2）除另有规定外，对有效工程量以外规范允许的安装附加量所消耗的人工、材料和机械费用，均应按《水利工程工程量清单计价规范》（GB 50501—2007）的规定，摊入相应有效工程量单价内。

二、安装工程单价组成

安装工程费用由直接费、间接费、企业利润和税金四部分组成。

安装工程单价列式有两种：实物量形式和费率形式。

安装工程单价计算程序见下文详述。

（一）实物量形式

1. 直接费

（1）直接工程费。

人工费＝定额劳动量（工日）×人工预算单价（元/工日）

材料费＝定额材料用量×材料预算单价

未计价装置性材料费＝未计价装置材料用量×材料预算价格

机械使用费＝定额机械使用量×施工机械台班费

（2）措施费＝直接工程费×措施费费率

2. 间接费

间接费＝人工费×间接费率

3. 利润

利润＝［直接费＋间接费］×利润率

4. 材料补差

材料补差＝（材料定额用量×单位价差）

5. 税金

税金＝（直接费＋间接费＋企业利润＋材料补差）×税金费率

6. 单价合计

单价合计＝直接费＋间接费＋利润＋材料补差＋税金

（二）费率形式

1. 直接费（％）

（1）直接工程费（％）。

人工费（％）＝定额人工费（％）

材料费（％）＝定额材料费（％）

装置性材料费（％）＝定额装置性材料费（％）

机械使用费（％）＝定额机械使用费（％）

（2）措施费（％）＝直接工程费（％）×措施费费率

2. 间接费

间接费（％）＝人工费（％）×间接费率

3. 利润

利润（％）＝［直接费（％）＋间接费（％）］×利润率

4. 税金

税金（％）＝［直接费（％）＋间接费（％）＋利润（％）］×税金费率

5. 单价合计

单价合计（％）＝直接费（％）＋间接费（％）＋利润（％）＋税金（％）

【例 4-9】 某水闸工程闸门制作单价计算，单扇闸门重量为 126.8t，组成见表 4-23（设计提供）。其中人工预算单价为 72.6 元/工日，柴油的单价为 8.5 元/kg。试计算主材费和制作单价。

表 4-23   闸 门 材 料 组 成 表

名称	单位	数量	备注
钢板	t	22.8	
圆管	t	48.4	
方管	t	33.6	
型钢	t	1.0	
自润滑	t	0.3	
止水 MGE	t	0.1	

续表

名称	单位	数量	备注
止水 SF	t	0.3	
铁砂	t	20	
其他	t	0.3	

解 （1）主材费计算（元/t），见表 4-24。

表 4-24 主 材 费 计 算 表

名称	单位	数量	单价	损耗系数	合计
钢板	t	22.8	4200	1.13	108 209
圆管	t	48.4	8500	1.05	431 970
方管	t	33.6	6200	1.05	218 736
型钢	t	1.0	3600	1.05	3780
自润滑	t	0.3	620 000	1.0	186 000
止水 MGE	t	0.1	250 000	1.0	25 000
止水 SF	t	0.3	40 000	1.0	12 000
铁砂	t	20	3200	1.0	64 000
其他	t	0.3	10 000	1.0	3000
合计		126.8			1 048 915
折：元/t					8302

（2）制作单价计算，见表 4-25。

表 4-25 制 作 单 位 估 价 表

定额编号：13017		定额单位：t			
工程项目名称		平板滑块式闸门≤150t			
名称及规格	单位	单价	数量	合价	
人工	工日	48.76	20.00	975.20	
钢板	kg	4.3	12.00	51.60	
型钢	kg	4	9.00	36.00	
氧气	m³	3.5	26.00	91.00	
乙炔气	m³	15	11.00	165.00	
电焊条	kg	8	40.00	320.00	
木材	m³	1300	0.09	117.00	
电	kWh	0.85	33.00	28.05	
探伤材料	张	15	5.00	75.00	
汽油	kg	10.65	1.00	10.65	
柴油	kg	3.0	0.90	2.70	
其他材料费	%	1	15.00	134.55	
桥式起重机（10t）	台班	136.71	0.64	87.49	
龙门式起重机（10t）	台班	302.32	0.11	33.26	
立式车床（750~1250）	台班	292.13	0.11	32.13	
电焊机（直流 30kV·A）	台班	152.16	4.56	693.85	

续表

名称及规格	单位	单价	数量	合价
普通车床（600～800）	台班	181.96	0.45	81.88
铣床（一般）	台班	137.81	0.76	104.74
卧式镗床60～90	台班	192.99	0.74	142.81
刨边机（规格9m）	台班	463.86	0.38	176.27
半自动切割机	台班	136.25	0.25	34.06
超声波探伤机	台班	99.71	0.40	39.88
龙门刨床（一般）	台班	258.22	0.41	105.87
其他机械费	%	1	15.00	229.84
钢板	t	3000	1.13	3390.00
直接工程费小计				7158.83
措施费	6.00%			429.53
间接费	70.0%			682.64
利润	6.00%			496.26
人工补差	人工	20.84	24.63	513.29
柴油补差	kg	5.5	0.9	4.95
闸门材料补差	t	4912.01	1	4912.01
税金	3.28%			465.678
单位价值合计				14 663

【例4-10】 试设计概算阶段厂用电系统安装费（%）计算。

解 设计概算阶段厂用电系统安装费单位估价见表4-26。

表4-26 设计概算阶段厂用电系统安装费单位估价表

定额编号：附录六			定额单位：项		
工程项目名称			厂用电系统		
编号	名称及规格	单位	单价	数量	合价
1	人工	%			3.30%
2	材料费	%			2.20%
3	机械费	%			1.60%
4	装置性材料费	%			4.70%
	直接工程费小计				11.80%
	措施费		6.00%		0.71%
	间接费		70.0%		2.31%
	利润		6.00%		0.89%
	税金		3.28%		0.52%
	单位价值合计				16.2%

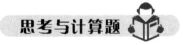

思考与计算题

一、思考题

1. 建筑安装工程单价由哪几部分费用组成？如何进行计算？

2. 土石方填筑综合单价为什么不是各工序单价之和？其预算综合单价计算如何考虑？

3. 混凝土材料单价与混凝土工程单价有何区别？如何进行混凝土工程单价的编制？

4. 安装工程单价编制方法有哪几种？与建筑工程单价编制有何不同？

二、计算题（未给的基础单价可根据具体情况确定）

1. 试编制某枢纽二类工程堆石坝堆石料填筑预算综合单价。

已知：（1）料场覆盖层清除单价为 3.56 元/m³，覆盖层清除率 5%（占开采量的比例）。

（2）料场堆石开采采用 150 型潜孔钻钻孔，深孔爆破，岩石为 Ⅸ 级，用 3m³ 液压挖掘机装 20t 自卸汽车运输上坝，运距 4km，采用 14t 振动碾压实。

（3）另有 30% 的石料（占填筑料的比例）来自弃渣场，弃渣石料采用 3m³ 装载机装 20t 自卸汽车运输上坝，运距 3km。

2. 某枢纽三类地下工程交通洞，洞深 400m，水平夹角 5.30，洞身岩性为白云岩，坚固系数 $f=11$，设计开挖断面面积 20m²。采用光面爆破、风钻钻孔，0.2m³ 装岩机装 8t 蓄电池机车配 V 形 0.6m³ 斗车出渣，试编制某概算单价。

3. 某三类引水工程水闸底板厚 150cm，混凝土强度等级为 C20（三级配），埋石率 10%，混凝土组成材料及价格见表 4-27，采用 0.8m³ 搅拌机和混凝土，混凝土运输采用胶轮车，运距 80m。试编制该水闸底板混凝土工程预算单价（不包括块石运输及影响浇筑的费用）。

表 4-27　　　　　　　　　　**混凝土组成材料及价格表**

名称	水泥	中砂	碎石	水
材料预算价格	360 元/t	100 元/m³	80 元/m³	0.5 元/m³

4. 试编制某偏远山区水电站 2 万 kW 竖轴混流式水轮车安装预算单价。已知：水轮机总重 130t。

项目五　设计概算编制

重点提示

1. 熟悉设计概算编制程序及文件组成；
2. 掌握设计工程量计算规定；
3. 掌握设计概算各部分概算编制；
4. 掌握分年度投资及资金流量的编制方法；
5. 掌握总概算编制的基本方法。

任务一　设计概算编制程序及文件组成

一、设计概算编制依据

（1）《浙江省水利水电工程设计概（预）算编制规定（2010）》及《浙江省水利工程造价计价依据（2010年)》补充规定（一）的通知（浙水建〔2013〕81号）。

（2）《浙江省水利水电建筑工程预算定额（2010)》、《浙江省水利水电安装工程预算定额（2010)》、《浙江省水利水电施工机械台班费定额（2010)》和有关行业主管部门颁发的定额。

（3）《浙江省水利工程工程量清单计价办法（2012)》。

（4）初步设计文件及图纸。

（5）有关合同协议及资金筹措方案。

（6）其他。

二、设计概算文件程序

（一）准备工作

（1）了解工程概况，即了解工程位置、规模、枢纽布置、地质、水文情况、主要建筑物的结构形式和主要技术数据、施工总体布置、施工导流、对外交通条件、施工进度及主体工程施工方案等。

（2）拟订工作计划，确定编制原则和依据；确定计算基础价格和基本条件和参数；确定所采用的定额、标准及有关数据；明确各专业提供的资料内容、深度要求和时间；落实编制进度及提交最后成果的时间；编制人员分工安排和提出计划工作量。

（3）调查研究，收集资料。主要了解施工砂、石、土料的储量、级配、料场位置、料场内外交通运输条件、开挖运输方式等。收集物资、材料、税务、交通及设备价格资料，调查新技术、新工艺、新材料的有关价格等。

（二）计算基础单价

基础单价是建安工程单价计算的重要依据。应根据收集到的各项资料，按工程所在地编制年价格水平，执行上级主管部门有关规定分析计算。

（三）划分工程项目、计算工程量

按照水利水电基本建设项目划分的规定将工程项目进行划分，并按水利水电工程量计算规定工程量。设计工程量就是编制概算的工程量。合理的超挖、超填和施工附加量及各种损耗和体积变化等均已按现行规范计入有关概算定额，设计工程量中不再另行计算。

（四）套用定额计算工程单价

在上述工作的基础上，根据工程项目的施工组织设计、现行定额、费用标准和有关基础单价，分别编制工程单价。

（五）编制工程概算

根据工程量、设备清单、工程单价和费用标准分别编制各部分概算。

（六）进行工、料、机分析汇总

将各工程项目所需的人工工时和费用，主要材料数量和价格，施工机械的规格、型号、数量及台班，进行统计汇总。

（七）汇总总概算

各部分概算投资计算完成后，即可进行总概算汇总，主要内容为：

（1）汇总建筑工程、机电设备及安装工程、金属结构设备及安装工程、施工临时工程、独立费用五部分投资。

（2）五部分投资合计之后，再依次计算基本预备费、价差预备费、建设期融资利息，最终计算静态总投资和总投资。

（八）编写编制说明及装订整理

最后编写编制说明并将校核、审定后的概算成果一同装订成册，形成设计概算文件。

三、设计概算文件组成内容

（一）概算正件组成内容

1. 编制说明

（1）工程概况：流域，河系，工程兴建地点，对外交通条件，工程规模，工程效益，工程布置形式，主体建筑工程量，主要材料用量，施工总工期，施工总工日，施工平均人数和高峰人数，资金筹措情况和投资比例等。

（2）主要投资指标：工程静态总投资和总投资，年度价格指数，基本预备费率，建设期融资额度，利率和利息等。

（3）编制原则和依据：

1）概算原则和依据。

2）人工预算单价，主要材料，施工用电、风、水，砂石料等基础单价的计算依据。

3）主要设备价格的编制依据。

4）费用计算标准及依据。

5）征地和环境部分概算编制的简要说明和依据。

6）工程资金筹措方案。

（4）概算编制中其他应说明的问题。

（5）主要技术经济指标表。

（6）工程概算总表。

2. 工程概算表

（1）总概算表。

1）Ⅰ工程部分概算表：

①建筑工程概算表。

②机电设备及安装工程概算表。

③金属结构设备及安装工程概算表。

④施工临时工程概算表。

⑤独立费用概算表。

2）Ⅱ征地和环境部分概算表：

①水库区征地补偿和移民安装概算表。

②工程建设区征地补偿和移民安置概算表。

③水土保持工程概算表。

④环境保护工程概算表。

（2）概算附表。

1）建筑工程单价汇总表。

2）安装工程单价汇总表。

3）主要材料预算价格汇总表。

4）施工机械台班费汇总表。

5）主要材料用量汇总表。

6）主要工程量汇总表。

7）建设征地移民实物成果汇总表。

（二）概算附件组成内容

（1）人工预算单价计算表。

（2）主要材料预算价格计算书。

（3）施工用风、水、电价格计算书。

（4）砂石料预算价格计算书。

（5）施工机械台班费计算书。

（6）混凝土、砂浆材料单价计算书。

（7）建筑工程单价计算书。

（8）安装工程单价计算书。

（9）独立费用计算书。

（10）征地补偿和移民安置标准计算书。

（11）分年度投资表。

（12）建设期融资利息计算书。

任务二　分部工程概算

一、建筑工程概算编制

建筑工程概算采用"建筑工程概算表"的格式编制，包括主体建筑工程、交通工程、房屋建筑工程、外部供电线路及其他建筑工程。通常采用单价法、指标法和百分率等方法编制。

（一）主体建筑工程概算编制

主体建筑工程按设计工程量乘以工程单价进行编制。主体建筑工程量应根据《水利水电工程设计工程量计算规定》（SL 328—2005），按项目划分要求，计算到三级项目。当设计对混凝土施工有温控要求时，应根据温控措施设计，计算温控措施费用；也可以经过分析确定指标后，按建筑物混凝土方量进行计算。细部结构工程可参照有关水工建筑工程细部结构指标确定。

（二）交通工程概算编制

交通工程指水利水电工程的永久对外公路、铁路、桥梁、码头等工程，其主要工程的投资应按设计提供的工程量乘以单价计算，也可根据工程所在地区指标或有关实际资料，采用扩大单位指标编制。

（三）房屋建筑工程概算编制

房屋建筑工程指水利枢纽、水电站、水库等基本建设工程的永久辅助生产厂房、仓库、办公室、住宅及文化福利建筑，办公及生活区内的道路和室外给排水、照明等室外工程，包括附属辅助设备安装工程的基础工程等。

永久房屋建筑，用于生产和管理办公的部分，由设计单位按有关规定，结合工程规模确定；用于生活文化福利建筑工程的部分，在考虑国家现行房屋政策的情况下，根据《编规（2010）》，按主体建筑工程投资的百分率计算。室外工程投资，一般按房屋建筑工程投资的百分比计算。

（四）供电线路工程

根据设计电压等级、线路架设长度及所需配备的变配电设施要求，采用工程所在地区造价指标或有关资料计算。

（五）其他建筑工程

其他建筑工程包括内外部观测工程、动力线路工程、照明线路及设施工程、通信线路工程等。

内外部观测工程按建筑工程属性处理。内外部观测工程项目投资应按设计资料计算。如无设计资料时，可根据坝型或其他工程形式，按照《编规（2010）》规定的主体建筑工程投资的百分率计算；动力线路、照明线路、通信线路等工程投资按设计工程量乘以单价或采用扩大单位指标编制；其余各项目按设计要求分析计算。

（六）建筑工程概算表

建筑工程概算表见表5-1。

表 5-1　　　　　　　　　　　　建 筑 工 程 概 算 表

编号	工程或费用名称	单位	数量	单价（元）	合计（万元）
（1）	（2）	（3）	（4）	（5）	（6）
	第一部分　建筑工程				
一	挡水工程				
	土方开挖 石方开挖 ……				

续表

编号	工程或费用名称	单位	数量	单价（元）	合计（万元）
二	泄水工程				
	……				
三	引水工程				
	隧洞石方开挖				
	……				
四	发电厂房工程				
	……				
五	升压站工程				
	……				
六	航运工程				
	……				
七	鱼道工程				
	……				
八	交通工程				
	……				
九	房屋建筑				
	……				
十	其他工程				
	……				

二、机电设备及安装工程概算

机电设备及安装工程概算大致包括以下内容：

机电设备泛指水轮机、发电机、调速器及其辅助设备及安装。

电气设备泛指一次设备、二次设备及其电气设备及安装。

以上两部分设备及安装费共同构成总概算中第二部分费用（机电设备及安装工程费），其大部分集中在发电厂房中和升压变电站中。各部分设备及安装工程费用由设备费和安装工程费组成。

（一）设备费

设备费包括设备原价、设备运杂费、运输保险费和采购及保管费等。

1. 设备原价

以出厂价或设计单位分析论证的询价为设备原价。

（1）国产设备以出厂价为原价，非定型和非标准产品，采用厂家签订的合同价或询价，结合当时的市场价格水平，经分析论证以后，确定设备原价。

（2）进口设备以到岸价和进口征收的关税、增值税、手续费、商检费及港口费等各项之和为原价。

（3）自行加工制作的设备参照有关定额计算价格，但一般应低于外购价格。

2. 设备运杂费

设备运杂费指设备由厂家运至工地安装现场所发生的一切运杂费用，主要包括运输费、调车费、装卸费、包装绑扎费、变压器充氮费，以及其他可能发生的杂费。设备运杂费，分主要设备和其他设备，按占设备原价的百分率计算。

主要设备运杂费率为 $3\%\sim4\%$；

非主要设备运杂费率为 $5\%\sim7\%$；

进口设备国内段运杂费率：按同类国产设备运杂费率乘以相应国产设备原价占进口设备原价的比例系数，即为进口设备国内段运杂费率。

3. 运输保险费

运输保险费指设备在运输过程中的保险费用。设备的运输保险费按设备原价的百分率计算，保险费率按有关部门的规定计算。

4. 采购及保管费

采购及保管费指建设单位和施工企业在负责设备的采购、保管过程中发生的各项费用，主要包括以下费用：

（1）采购保管部门工作人员的基本工资、辅助工资、工资附加费、劳动保护费、教育经费、办公费、差旅交通费、工具用具使用费等。

（2）仓库转运站等设施的检修费，固定资产折旧费，技术安全措施费和设备的检验、试验费等。

采购及保管费，按设备原价、运杂费之和的 0.7% 计算。

5. 运杂综合费率的计算

运杂综合费率＝运杂费率＋(1＋运杂费率)×设备采购及保管费率＋设备运输保险费率

上述运杂综合运杂费率，适用于计算国产设备运杂费。进口设备的国内段运杂费应按上述国产设备运杂综合费率，乘相应国产设备原价水平占进口设备原价的比例系数，调整为进口设备国内段运杂综合费率。

【例 5-1】　某电站水轮机设备原价 240.00 万元，设备运杂费率为 3%，设备的运输保险费率为 0.2%，试计算水轮机设备运杂费。

解　（1）第一种方法。

1）运输费＝240.00×3％＝7.2（万元）

2）运输保险费＝240.00×0.2％＝0.48（万元）

3）采购及保管费＝(240.00＋7.2)×0.7％＝1.73（万元）

4）运杂费＝7.2＋0.48＋1.73＝9.41（万元）

（2）第二种方法。

运杂综合费率＝运杂费率＋(1＋运杂费率)×采购及保管费率＋运输保险费率

$\qquad$＝3％＋(1＋3.0％)×0.7％＋0.2％＝3.92％

运杂费＝240.00×3.92％＝9.41 万元

【例 5-2】　某工程从国外进口设备 1 套，经海运抵达上海港后再转运至工地。已知资料如下，试计算进口设备费。

（1）设备合同到岸价格 418 万美元/套。

（2）汇率比：1 美元＝6.83 元人民币。

（3）设备重量：净重 400t/套，毛重系数 1.05。

（4）银行财务费 14.27 万元。

（5）外贸手续费 1.5％。

（6）进口关税 10％。

（7）增值税 17％。

（8）商检费 0.24％。

（9）港口费 150 元/t。

（10）同类型国产设备原价 3.2 万元/t，上海港至工地运杂费率 6％。

（11）国内运输保险费 0.4％。

（12）采购及保管费率 0.7％。

解　（1）设备到岸价格＝418 万美元×6.83 元/美元＝2854.94（万元）

（2）银行财务费 14.27 万元。

（3）外贸手续费＝2854.94×1.5％＝42.82（万元）

（4）进口关税＝2854.94×10％＝285.49（万元）

（5）增值税＝（2854.94＋285.49）×17％＝533.87（万元）

（6）商检费＝2854.94×0.24％＝6.85（万元）

（7）港口费＝150 元/t×400 t/×1.05＝6.30（万元）

（8）设备原价＝2854.94＋14.27＋42.82＋285.49＋533.87＋6.85＋6.30＝3744.54（万元）

（9）国内段运杂费＝3.2 万元/t×400 t/×6％＝76.80（万元）

或国内段运杂费＝3744.54×6％×（3.2×400÷3744.54）＝76.80（万元）

（10）运输保险费＝3744.54×0.4％＝14.98（万元）

（11）采购及保管费＝（3.2×400＋76.80）×0.7％＝9.50（万元）

（12）进口设备费＝3744.54＋76.80＋14.98＋9.50＝3485.82（万元）

（二）安装工程费

安装工程投资按设计提供的安装工程量乘以安装工程单价进行计算。

（三）机电设备及安装工程概算表

机电设备及安装工程概算见表 5-2。

表 5-2　　　　机电设备及安装工程概算表

编号	名称及规格	单位	数量	单价（元）		合计（万元）	
				设备费	安装费	设备费	安装费
(1)	(2)	(3)	(4)	(5)	(6)	(7)	(8)
	第二部分　机电设备及安装						
一	发电设备及安装工程						
	水轮机 发电机 ……						
二	升压及变电设备及安装工程						
	变压器 ……						
三	公用设备及安装工程						
	……						

三、金属结构设备及安装工程概算

金属结构设备及安装工程泛指机、门、管，即各种起重机械、各种闸门和压力钢管制作及安装，大部分集中于大坝、溢洪道、航运过坝和压力管道工程中。构成第三部分金属结构及安装工程费。编制方法同第二部分机电设备及安装工程概算。金属结构设备及安装工程概算过程见表 5-3。

表 5-3　　　　　　　　　　　　金属结构设备及安装工程概算表

编号	名称及规格	单位	数量	单价（元）		合计（万元）	
				设备费	安装费	设备费	安装费
(1)	(2)	(3)	(4)	(5)	(6)	(7)	(8)
	第三部分　金属结构设备及安装						
一	挡水工程						
	闸门 闸门埋件 启闭设备 ……						
二	引水工程						
	拦污栅 启闭设备 ……						
三	压力钢管						
	……						

四、施工临时工程概算编制

（一）施工临时工程类型

施工临时工程费用包括建筑工程费和设备及安装工程费用，在概算编制中一般分为以下三个档次：

（1）投资较大的施工临时工程，包括施工导流工程、施工交通工程、场外供电线路工程。

（2）属于施工现场的小型临时设施及环境保护措施等费用，已列入建安工程中的措施费内。

（3）介于以上（1）、（2）之间的临时工程取名为"小型临时工程"或"其他施工辅助工程"，其项目繁多，投资预测时工程量难以具体，故将其合并后，采用建安工作量的百分率估算投资。

（二）施工临时工程概算编制方法

1. 施工导流工程

施工导流工程主要包括导流明渠、导流洞、围堰工程、蓄水期下游断流补偿设施工程等。概算编制方法与永久建筑工程概算编制方法相同，采用工程量乘以单价计算。

2. 施工交通工程

施工交通指施工现场内外为工程建设服务而建造的公路、桥梁、便道、码头、施工支洞等。概算编制方法与永久建筑工程概算编制方法相同，当设计深度不足时，也可采用概算指标计列。

3. 施工场外供电工程

施工场外供电指施工场外现有电网向施工现场供电的 10 kV 以上等级的供电线路工程及变配电设施（场内除外）。概算编制方法可采用工程所在地区造价指标或有关实际资料计列。

4. 施工房屋建筑工程

施工房屋建筑工程包括施工仓库和办公、生活及文化福利建筑两部分。施工仓库，指为施工而临时兴建的设备、材料、工器具等仓库建筑工程；办公、生活及文化福利建筑，指施工单位、建设单位、监理单位及设计代表在工程建设期所需的办公室、宿舍、招待所和其他文化福利设施等房屋建筑工程。

不包括列入临时设施和其他临时工程项目内的风、水、电、通信系统、砂石料系统、混凝土拌和系统及浇筑系统，木工、钢筋、机修等辅助工厂，混凝土预制构件厂，混凝土制冷、供热系统，施工排水等生产用房。

（1）施工仓库。施工仓库建筑面积和建筑标准由施工组织设计确定，单位造价指标根据生活及文化福利建筑的相应水平确定。

（2）办公、生产及文化福利建筑。

1）施工单位用房。

①水利水电枢纽工程和大型引水工程采用下式计算

$$I = \frac{AUP}{NL} K_1 K_2 K_3$$

式中　I——房屋建筑工程投资，元。

A——建安工程量，按工程部分一至四部分建安工作量（不包括办公、生活及文化福利建筑和其他临时工程）之和乘以（1＋其他临时工程指标）计算。

U——人均建筑面积综合指标：按 $10\sim12m^2$/人标准计算。

N——施工年限，根据施工组织设计确定的合理工期确定。

L——全员劳动生产力，元/（人·年），一般不低于 10 万～12 万元/人年；施工机械化程度高取大值，反之取小值或中值。

K_1——施工高峰人数调整系数，取 1.10。

K_2——室外工程系数，取 1.10～1.15，地形条件较差的可取大值。

K_3——单位造价指标调整系数，按不同施工年限，采用表 5-4 调整系数。

表 5-4　　　　　　　　　单位工程造价指标调整系数表

工期	1 年以内	2 年	3 年	4 年	5 年	5 年以上
调整系数	0.25	0.30	0.40	0.50	0.55	0.65

②河道治理工程、围垦工程、灌溉工程、疏浚工程、堤防工程、改扩建加固工程及其他小型水利工程，按第一至四部分建筑安装工作量（不包括办公、生活及文化福利建筑和其他临时工程）的 0.5%～1.5% 计算。

2）建设、监理单位及设计代表用房。按定员人数，平均每人 $30\sim40m^2$ 计算，枢纽工程取上限，其他工程取中、下限。单位造价根据工程所在地区单位造价指标或有关实际资料确定。

5. 其他施工临时工程

其他施工临时工程指除施工导流、施工交通、施工场外供电、施工房屋建筑以外的临时工程，主要包括砂石料加工系统，混凝土拌和及浇筑系统，混凝土制冷系统，施工供水、供风（泵房及干管），施工供电，对外通信工程，防汛设施，大型施工机械安拆等。其他临时工程投资，按工程部分一至四部分建筑安装工作量（不包括其他临时工程）之和的百分率计算。

各类工程的百分率规定如下：

（1）大中型水利、水电枢纽工程：2.0%～3.5%。

（2）小型水利水电工程及单位建筑物工程：1.0%～2.5%。

（3）河道治理、围垦及堤防工程：0.5%～1.0%。

缆机平台工程、防渗墙导向槽及泥浆系统、沥青浇筑系统、大型施工排架、隧洞支护、大型施工排水、大型疏浚机械转移等特殊类型的临时设施费用，应根据施工组织设计提供的工程量和相应单位单独列项计算。

（三）施工临时工程概算表

施工临时工程概算见表5-5。

表 5-5　　　　　　　　　　　　　　　施工临时工程概算表

编号	工程或费用名称	单位	数量	单价（元）	合计（万元）
（1）	（2）	（3）	（4）	（5）	（6）
	第四部分　施工临时工程				
一	施工导流				
1	施工围堰				
2	导流明渠				
	……				
二	施工交通工程				
	临时支线 施工便桥				
三	施工房屋建筑工程				
1	文化福利房屋				
2	施工仓库				
四	施工场外供电				
五	其他施工临时工程				

五、独立费用

（一）建设管理费

1. 建设单位开办费

新建工程，其开办费按建设单位定员来确定建设单位开办费标准。改扩建与除险加固工程，视建设单位组建情况适当减少。

2. 建设单位人员费

计算公式为

建设单位人员费＝费用指标（元/人年)×定员人数×费用计算期（年）

式中，费用指标根据《编规（2010)》，现阶段平均按每人每年5.0万～6.5万元计取。

费用计算期，根据施工组织设计确定的施工总进度，从工程筹建之日起，至工程竣工之日加0.5年止，为费用计算期。其中：大型水利工程的筹建期1～2年，中小型水利水电工程0.5～1.5年。

建设单位定员，按建设单位定员表确定。

3. 建设管理经常费

费用指标：枢纽工程及引水工程，按建设单位开办费、建设单位人员经常费之和的

30%～40%计取，其他工程按 20%～30%计取。

4. 工程建设监理费

可参照《建设工程监理取费标准》（发改价格〔2007〕670 号）标准计算。

5. 经济技术服务费

经济技术服务费计算：按工程部分概算一至四项投资合计数为计算基数，乘以费率（见表 5-6）。

表 5-6　　　　　　　　　　经济技术服务费用费率

概算一至四项投资合计数	费率
≤1000 万元	2.5%～3.5%
1000 万元～5000 万元	1.5%～2.5%
5000 万元～10000 万元	1.0%～1.5%
10000 万元～20000 万元	0.7%～1.0%
20000 万元～50000 万元	0.5%～0.7%
>50000 万元	0.3%～0.5%

注　枢纽工程、引调水工程等技术复杂、建设难度大、分标较多的项目取大值，反之取小值。

对于工期半年以内、投资小于 1000 万元的改扩建及加固工程、小型水利水电工程以及其他水利工程，根据工程实际情况，建设单位开办费、建设单位人员费、建设管理经常费三项可以合并为"建设单位管理费"，按工程部分一至四部分建安工作量的 3.5%～5.5%计算。改扩建及加固工程、小型水利水电工程取大值，河道堤防等工程取小值。

（二）生产及管理单位准备费

1. 生产及管理单位提前进厂费

生产及管理单位提前进厂费计算：枢纽工程以及泵站、水闸、船闸及水电站等单项建筑物工程按一至四部分建安工程量的 0.2%～0.5%计算，大型工程取小值，小型工程取大值。

引调水工程视工程规模参照枢纽工程计算。

其他水利工程、除险加固工程原则上不计此项费用。

2. 生产职工培训费

生产职工培训费计算：枢纽工程以及泵站、水闸、船闸、水电站等单项建筑物工程按一至四部分建安工作量的 0.2%～0.5%计算，大型工程取小值，小型工程取大值。

引调水工程视工程规模参照枢纽工程计算。

其他水利工程、除险加固工程原则上不计此项费用。

3. 管理用具购置费

管理用具购置费计算：枢纽工程及引调水工程按一至四部分建安工作量的 0.10%～0.20%计算，大型工程取小值，小型工程取大值。

其他水利工程按建安工作量的 0.05%～0.10%计算。

4. 工器具及生产家具购置费

工器具及生产家具购置费计算：按设备费的 0.2%～0.5%计算。大型工程取小值，小型工程取大值。

（三）科研勘测设计费

1. 科学研究试验费

科学研究试验费计算：按建安工作量的百分率计算。

其中：河道治理、围垦、堤防、灌溉工程　　　　0.2%

　　　　枢纽、引水工程　　　　　　　　　　　0.5%

对河口、潮汐、泥沙等进行大型专项科研试验的费用，可根据试验项目名称和内容，分项单列。

2. 前期勘察设计费

项目建议书、可行性研究等前期阶段发生的勘察费，可参照国家发展改革委、建设部关于印发"水利、水电、电力建设项目前期工作工程勘察收费暂行规定"（发改价格〔2006〕1352号）执行。

项目建议书、可行性研究等前期阶段发生的设计费，按相应阶段工程勘察收费基准价的30%～40%计取。

除险加固工程安全鉴定费：对已经运行的水库、水闸等存在安全隐患的水工建筑物，需要进行除险加固而发生的前期勘察、试验、评估、鉴定等工作费用。

3. 工程勘察设计费

勘察设计费标准可参照国家发展计划委员会、建设部计价格发布的《工程勘察设计收费管理规定》（〔2002〕10号文）所附的《工程勘察收费标准》和《工程设计收费标准》。

《工程勘察收费标准》包括初步设计、招标设计、施工图设计三个阶段的勘察费，不包括项目建议书、可行性研究两阶段的勘察费。

《工程设计收费标准》包括初步设计、招标设计、施工图设计三个阶段的设计费。不包括项目建议书、可行性研究两阶段的设计费。

施工图审查费：指建设单位委托具有相应资质的工程咨询中介机构或设计单位进行施工图审查复核的费用。施工图审查费在编制概算时包含在工程勘察设计费总费用中不再另行计列。

对外交通工程、通信工程、供电工程和房屋建筑工程等专项工程的勘察设计费用已包括在工程勘察设计费中，不再另行计算。

（四）其他

1. 工程质量检测费

费用计算：按建筑安装工作量的0.10%～0.20%计算。

枢纽工程、引调水工程等技术复杂、建设难度大的项目取大值，反之取小值。

2. 安全施工费

安全施工费标准：按设计提供的本工程文明施工措施和标准化工地建设内容、施工安全作业环境和安全防护措施等列项计算费用，并不小于按费率计算的安全施工费。

当设计未提供具体安全文明施工的项目和费用时，安全施工费按建筑安装工作量的2%计取。

3. 工程保险费

费用标准：按第一至第四部分投资合计的4.5‰～5.0‰计算。

4. 其他税费

其他税费指按国家规定应缴纳的与工程建设有关的税费。按国家、省有关部门现行规定计取。

（五）独立费用概算表

独立费用概算见表5-7。

表5-7   独立费用概算表

编号	工程或费用名称	单位	数量	单价（元）	合计（万元）
(1)	(2)	(3)	(4)	(5)	(6)
	第五部分　独立费用				
一	建设管理费				
1	建设单位开办费				
2	建设单位人员费				
3	建设管理经常费				
4	工程建设监理费				
5	经济技术服务费				
二	生产准备费				
1	生产及管理单位提前进厂费				
2	生产职工培训费				
3	管理用具购置费				
4	工器具及生产家具购置费				
三	科研勘察设计费				
1	科学研究试验费				
2	前期勘察设计费				
3	工程勘察设计费				
四	其他				
1	工程质量检测费				
2	安全施工费				
3	工程保险费				

任务三　分年度投资及资金流量

一、分年度投资

分年度投资是根据施工组织设计确定的施工进度和合理工期而计算出的各年度预计完成的投资额。

（一）建筑工程

（1）建筑工程分年度投资表应根据施工进度的安排，对于主要工程，按各单项工程分年度完成的工程量和相应的工程单价计算；对于次要的和其他工程，可根据施工进度，按各年所占完成投资的比例，摊入分年度投资表。

（2）建筑工程分年度投资的编制至少应按二级项目中的主要工程项目分别反映各自的建筑工作量。

（二）设备及安装工程

设备及安装工程分年度投资应根据施工组织设计确定的设备安装进度计算各年预计完成的设备费和安装费。

（三）费用

根据费用的性质和费用发生的时段，按相应年度分别进行计算。

二、资金流量

资金流量是为满足工程项目在建设过程中各时段的资金需求，按工程建设所需资金投入时间计算各年度使用的资金量。资金流量表的编制以分年度投资表为依据，按建筑安装工程、永久设备工程和独立费用三种类型分别计算。

（一）建筑安装工程资金流量

（1）建筑工程可根据分年度投资表的项目划分，考虑一级项目中的主要工程项目，以归项划分后各年度建筑工作量作为计算资金流量的依据。

（2）资金流量是在原分年度投资的基础上，考虑预付款、预付款的扣回、保留金和保留金的偿还等编制出的分年度资金安排。

（3）预付款一般可划分为工程预付款和工程材料预付款两部分。

1）工程预付款按划分的单个工程项目的建安工作量的 10%～20% 计算，工期在 3 年以内的工程全部安排在第一年，工期在 3 年以上的可安排在前两年。工程预付款的扣回从完成建安工作量的 30% 起开始，按完成建安工作量的 20%～30% 扣回至预付款全部回收完毕为止。对于需要购置特殊施工机械设备或施工难度较大的项目，工程预付款可取大值，其他项目取中值或小值。

2）工程材料预付款。水利工程一般规模较大，所需材料的种类及数量较多，提前备料所需资金较大，因此可考虑向承包商支付一定数量的材料预付款。可按分年度投资中次年完成建安工作量的 20% 在本年提前支付，并于次年扣回，依此类推，直至本项目竣工（河道工程和灌溉工程等不计此项预付款）。

（4）保留金。水利工程的保留金，按建安工作量的 2.5% 计算。在概算资金流量计算时，按分项工程分年度完成建安工作量的 5% 扣留至该项工程全部建安工作量的 2.5%（即完成建安工作量的 50%）时终止，并将所扣的保留金 100% 计入该项工程终止后一年（如该年已超出总工期，则此项保留金计入工程的最后一年）的资金流量表内。

（二）永久设备工程资金流量

永久设备工程资金流量的计算，划分为主要设备和一般设备两种类型分别计算。

（1）主要设备资金流的计算，按设备到货周期确定各年资金流量比例，具体比例见有关规定。

（2）其他设备，其资金流量按到货前一年预付 15% 定金，到货年支付 85% 的剩余价款。

（三）独立费用资金流量

独立费用资金量主要是勘测设计费的支付方式应考虑质量保证金的要求，其他项目均按分年度投资表中的资金安排计算。

（1）可行性研究和初步设计阶段勘测设计费按合理工期分年平均计算。

（2）技施阶段勘测设计费的 95% 按合理工期分年平均计算，其余 5% 的勘测设计费用作为设计保证金计入最后一年的资金流量表内。

三、分年度投资、资金流量表

1. 分年度投资表

分年度投资见表 5-8。

表 5-8　　　　　　　　　　　　　**分 年 度 投 资 表**　　　　　　　　　单位：万元

工程或费用名称	第一年	第二年	……	合计
一、建筑工程				
二、安装工程				
三、设备工程				
四、独立费用				
一至四部分合计				
基本预备费				
价差预备费				
建设期融资利息				
静态总投资				
总投资				

2. 资金流量表

资金流量见表 5-9。

表 5-9　　　　　　　　　　　　　**资 金 流 量 表**　　　　　　　　　单位：万元

工程或费用名称	第一年	第二年	……	合计
一、建筑工程				
二、安装工程				
三、设备工程				
四、独立费用				
一至四部分合计				
基本预备费				
价差预备费				
建设期融资利息				
静态总投资				
总投资				

任务四　总 概 算 工 程

在各部分概算完成后，即可总概算表的编制。其中包括工程部分的概（估）算与移民和环境部分的概（估）算两部分构成。工程部分包括：各分项部分概算表、预备费、建设期融资利息、总投资等。

一、总概算表

水利工程总概（估）算由工程部分的概（估）算与移民和环境部分的概（估）算两部分构成，见表 5-10。

表 5-10 水利工程概（估）算总表 单位：万元

序号	工程或费用名称	建筑安装工程费	设备购置费	独立费用	合计
Ⅰ	工程部分投资 …… 静态总投资 总投资				
Ⅱ	征地和环境部分 …… 静态总投资 总投资				
Ⅲ	工程投资总计（Ⅰ＋Ⅱ） 静态总投资 总投资				

注 1. 表Ⅰ部分是工程部分总概（估）算表，按项目划分的五部分填表并列至一级项目。五部分之后的内容为：一至部分投资合计、基本预备费、静态总投资、价差预备费、建设期融资利息、总投资。

2. 表Ⅱ部分是指移民和环境总概（估）算表，按其项目划分要求填表并列至一级项目。其后内容为：各部分投资合计、基本预备费、静态总投资、价差预备费、建设期融资利息、总投资。

3. 表Ⅲ部分为两部分静态总投资和总投资之和。

二、工程部分总概算表

（一）分项部分概算表

1. 建筑工程费总概算表

建筑工程费总概算见表 5-11。

表 5-11 建筑工程费总概算表 单位：万元

序号	工程或费用名称	建筑安装工程费	设备购置费	独立费用	合计
一	挡水建筑工程				
二	泄水工程				
三	引水工程				
四	发电厂房工程				
五	升压及变电工程				
六	航运工程				
七	鱼道工程				
八	交通工程				
九	房屋建筑工程				
十	其他				

2. 机电设备及安装工程总概算表

机电设备及安装工程总概算见表 5-12。

表 5-12 机电设备及安装工程费总概算表 单位：万元

序号	工程或费用名称	建筑安装工程费	设备购置费	独立费用	合计
一	发电设备及安装工程				
二	升压设备及安装工程				
三	公用设备及安装工程				

3. 金属结构设备及安装工程总概算表

金属结构设备及安装工程总概算见表 5-13。

表 5-13 金属结构设备及安装工程费总概算表 单位：万元

序号	工程或费用名称	建筑安装工程费	设备购置费	独立费用	合计
一	挡水工程				
二	引水工程				
三	压力钢管				

4. 施工临时工程总概算表

施工临时工程总概算见表 5-14。

表 5-14 施工临时工程总概算表 单位：万元

序号	工程或费用名称	建筑安装工程费	设备购置费	独立费用	合计
一	施工导流				
二	施工交通工程				
三	施工房屋建筑工程				
四	施工场外供电				
五	其他施工临时工程				

5. 独立费用总概算表

独立费用总概算见表 5-15。

表 5-15 独立费用概算表 单位：万元

序号	工程或费用名称	建筑安装工程费	设备购置费	独立费用	合计
一	建设管理费				
二	生产准备费				
三	科研勘察设计费				
四	其他				

（二）预备费

1. 基本预备费

计算方法：根据工程规模、施工年限和地质条件等不同情况，按工程一至五部分投资合计数的百分率计算。

初步设计阶段为：5.0～7.0%。

可行性研究阶段为：8.0～10%。

项目建设书阶段为：10～12%。

2. 价差预备费

计算方法：根据施工年限，不分设计阶段，以分年度静态投资为计算基数。

计算公式为

$$E = \sum_{n=1}^{N} F_n \left[(1+P)^n - 1 \right]$$

式中 E——价差预备费；

N——合理建设工期；

n——施工年度；

F_n——建设期间第 n 年的分年投资；

P——年物价指数（按国家有关部门发布的年物价指数计算）。

（三）建设期融资利息

根据合理建设工期，以工程概（估）算一至五部分分年投资、基本预备费、价差预备费之和为基数，按国家规定的贷款利率复利计息。

计算公式为

$$S = \sum_{n=1}^{N}\left[\left(\sum_{m=1}^{n}F_m b_m - \frac{1}{2}F_n b_n\right) + \sum_{m=0}^{n-1}S_m\right]i$$

式中 S——建设期融资利息；

N——合理建设工期，年；

n——施工年度；

m——还息年度；

F_n，F_m——建设期资金流量表内第 n、m 年的投资；

b_n，b_m——各施工年份融资额占当年投资比例；

i——建设期融资利率，%；

S_m——第 m 年的付息额度。

该公式也可用文字表达为

建设期融资利息 $= \sum$ [（年初贷款额合计＋年初利息合计＋当年贷款额÷2）×融资利率]

（四）静态总投资及总投资

在建设期融资利息计算后，计算静态总投资和总投资。

静态总投资＝第一至五部分投资之和＋基本预备费

总投资＝静态总投资＋价差预备费＋建设期融资利息

（五）工程部分总概算表

工程部分总概算见表 5-16。

表 5-16　　　　　　　　　**工 程 部 分 总 概 算 表**　　　　　　单位：万元（或元）

编号	序号	工程或费用名称	建筑安装工程费	设备购置费	独立费用	合计
1	Ⅰ	工程部分				
2	一	建筑工程				
3	二	机电设备及安装工程				
4	三	金属结构设备及安装工程				
5	四	施工临时工程				
6	五	独立费用				
7		一至五项合计（2＋3＋4＋5＋6）				
8						
9		预备费（10＋11）				
10		基本预备费				
11		价差预备费				

续表

编号	序号	工程或费用名称	建筑安装工程费	设备购置费	独立费用	合计
12		建设期还贷利息				
13		送出工程				
14						
15		静态总投资（7＋10＋13）				
16		工程部分总投资（11＋12＋15）				

【例 5-3】 某枢纽工程资金流量见表 5-17。试按给定条件，计算并填写枢纽工程总概算表。

表 5-17   **资 金 流 量 表**   单位：万元

工程或费用名称	第一年	第二年	第三年	合计
一、建筑工程	5 150.00	8 100.00	2 050.00	15 300.00
二、安装工程	10.00	50.00	40.00	100.00
三、设备工程	140.00	300.00	360.00	800.00
四、独立费用	400.00	300.00	200.00	900.00
一至四部分合计	5 700.00	8 750.00	2 650.00	17 100.00
基本预备费				
价差预备费				
建设期融资利息				
静态总投资				
总投资				

注 1. 基本预备费率 5%，物价指数 6%，融资利率 8%，融资比例 70%。
   2. 基本预备费按分年度投资计算，分年度投资表略。

解 计算结果见表 5-18 和表 5-19。

表 5-18   **资 金 流 量 表**   单位：万元

工程或费用名称	第一年	第二年	第三年	合计
一、建筑工程	5 150.00	8 100.00	2 050.00	15 300.00
二、安装工程	10.00	50.00	40.00	100.00
三、设备工程	140.00	300.00	360.00	800.00
四、独立费用	400.00	300.00	200.00	900.00
一至四部分合计	5 700.00	8 750.00	2 650.00	17 100.00
基本预备费	285.00	437.50	132.50	855.00
价差预备费	359.10	1 135.58	531.50	2 026.18
建设期融资利息	177.63	658.53	1 093.05	1 929.21
静态总投资	5 985.00	9 187.50	2 782.50	17 955.00
总投资	6 521.73	10 981.61	4 407.05	21 910.39

表 5-19   **总 概 算 表**   单位：万元

序号	工程或费用名称		建安工程费	设备购置费	独立费用	合计
1	第一部分	建筑工程	15 000.00			15 000.00
2	第二部分	机电设备及安装工程	50.00	500.00		550.00
3	第三部分	金属结构设备及安装工程	50.00	300.00		350.00

续表

序号	工程或费用名称	建安工程费	设备购置费	独立费用	合计
4	第四部分 施工临时工程	300.00			300.00
5	第五部分 独立费用			900.00	900.00
6	第一至第五部分合计	15 400.00	800.00	900.00	17 100.00
7	基本预备费				855.00
8	价差预备费				2 026.18
9	建设期融资利息				1 929.21
10	静态总投资				1 795.00
11	总投资				21 910.39

【例 5-4】 某拦河闸的设计工程量和工程单价见表 5-20～表 5-22，试编制设计概算表（2013 年价格水平）。

表 5-20 建 筑 工 程 概 算 表

编号	工程或费用名称	单位	数量	单价（元）	合计（万元）
(1)	(2)	(3)	(4)	(5)	(6)
	第一部分 建筑工程				
一	拦河闸				
1	土方工程 土方开挖（Ⅰ类、Ⅱ类土） 土方挖运运距 1.5～2.0km（Ⅰ类、Ⅱ类土） 推土机推土（Ⅰ类、Ⅱ类土） 土方回填（蛙式打夯机）	m³ m³ m³ m³	47 600.00 40 100.00 47 600.00 26 310.00	2.45 11.05 2.71 10.50	
2	混凝土 C20 混凝土护底 C25 混凝土闸墩 C25 混凝土底板 C30 混凝土排架 C30 混凝土工作桥 C20 混凝土挡土墙	m³ m³ m³ m³ m³ m³	3 237.00 1 519.00 1 619.00 39.00 215.00 4 366.00	519.07 567.69 502.66 663.84 711.05 544.23	
3	其他工程 钢筋制作及安装 混凝土温控 细部结构	t m³ m³	480.00 10 995.00 10 995.00	6 156.00 10.00 23.00	
二	交通工程				
	公路	m	1 000.00	500.00	
三	房屋建筑				
	管理房	m²	200.00	2 000	

表 5-21 金属结构设备及安装工程概算表

编号	名称及规格	单位	数量	单价（元）		合计（万元）	
				设备费	安装费	设备费	安装费
(1)	(2)	(3)	(4)	(5)	(6)	(7)	(8)
	第三部分 金属结构设备及安装						
一	拦河闸						

续表

编号	名称及规格	单位	数量	单价（元）		合计（万元）	
				设备费	安装费	设备费	安装费
1	闸门设备及安装						
	闸门	t	136.00	9 500.00	1 187.0		
	埋件	t	48.00	9 000.00	2 368.0		
	防腐处理	t	152.00		1 000.0		
2	启闭设备及安装						
	启闭机	台	4.00	199 200	5 982		
	30kN 手拉单轨小车	套	1.00	5 000	500		
	30kN 手拉葫芦	台	1.00	1 000	100		
3	其他						

表 5-22　　　　　　　　　　施工临时工程概算表

编号	工程或费用名称		单位	数量	单价（元）	合计（万元）
（1）	（2）		（3）	（4）	（5）	（6）
	第四部分　施工临时工程					
一	施工导流					
1		施工围堰				
		围堰填筑	m³	1 230.00	12.47	
		围堰拆除	m³	1 230.00	9.25	
		拖拉机机压实筑堤	m³	1 230.00	3.34	
		帷幕灌浆	m	1 500.00	410.50	
2		导流明渠				
		土方开挖	m³	28 600.00	11.05	
		土方填筑	m³	28 600.00	12.47	
二	施工交通工程					
		施工干道（泥结碎石）	m	2 000.00	300.00	
		临时支线	m	1 000.00	50.00	
		施工便桥	m	20.00	30 000.00	
三	施工房屋建筑工程					
1	文化福利房屋		m²	1 000.00	800.00	
2	施工仓库		m²	1 500.00	500.00	
四	施工场外供电		m	2000.00	250.00	

解　设计概算编制结果见表 5-23～表 5-27。

表 5-23　　　　　　　　　　建 筑 工 程 概 算 表

编号	工程或费用名称	单位	数量	单价（元）	合计（万元）
（1）	（2）	（3）	（4）	（5）	（6）
	第一部分　建筑工程				1 109.40

续表

编号	工程或费用名称	单位	数量	单价（元）	合计（万元）
一	拦河闸				1 019.40
1	土方工程				96.50
	土方开挖（Ⅰ类、Ⅱ类土）	m³	47 600.00	2.45	11.66
	土方挖运运距 1.5～2.0km（Ⅰ类、Ⅱ类土）	m³	40 100.00	11.05	44.31
	推土机推土（Ⅰ类、Ⅱ类土）	m³	47 600.00	2.71	12.90
	土方回填（蛙式打夯机）	m³	26 310.00	10.50	27.63
2	混凝土				591.12
	C20 混凝土护底	m³	3 237.00	519.07	168.02
	C25 混凝土闸墩	m³	1 519.00	567.69	86.23
	C25 混凝土底板	m³	1 619.00	502.66	81.38
	C30 混凝土排架	m³	39.00	663.84	2.59
	C30 混凝土工作桥	m³	215.00	711.05	15.29
	C20 混凝土挡土墙	m³	4 366.00	544.23	237.61
3	其他工程				331.78
	钢筋制作及安装	t	480.00	6 156.00	295.49
	混凝土温控	m³	10 995.00	10.00	11.00
	细部结构	m³	10 995.00	23.00	25.29
二	交通工程				50.00
	公路	m	1 000.00	500.00	50.00
三	房屋建筑				40.00
	管理房	m²	200.00	2 000	40.00

表 5-24　　　　　　　　　金属结构设备及安装工程概算表

编号	名称及规格	单位	数量	单价（元）		合计（万元）	
				设备费	安装费	设备费	安装费
(1)	(2)	(3)	(4)	(5)	(6)	(7)	(8)
	第三部分　金属结构设备及安装					331.24	45.16
一	拦河闸					291.84	45.16
1	闸门设备及安装					172.40	42.71
	闸门	t	136.00	9 500.00	1 187.0	129.20	16.14
	埋件	t	48.00	9 000.00	2 368.0	43.20	11.37
	防腐处理	t	152.00		1 000.0		15.20
2	启闭设备及安装					80.28	2.45
	启闭机	台	4.00	199 200	5 982	79.68	2.39
	30kN 手拉单轨小车	套	1.00	5 000	500	0.50	0.05
	30kN 手拉葫芦	台	1.00	1 000	100	0.10	0.01
3	其他					39.16	
	运杂费（按设备费 5% 计）					12.63	
	电器设备（按设备费 10% 计）					26.53	
二	设备融资利息（按年利率 13.5% 计）					39.40	

表 5-25　　　　　　　　　施工临时工程概算表

编号	工程或费用名称	单位	数量	单价（元）	合计（万元）
(1)	(2)	(3)	(4)	(5)	(6)
	第四部分　施工临时工程				425.41
一	施工导流				131.93
1	施工围堰 围堰填筑 围堰拆除 拖拉机机压实筑堤 帷幕灌浆	m³ m³ m³ m	1 230.00 1 230.00 1 230.00 1 500.00	12.47 9.25 3.34 410.50	64.67 1.54 1.14 0.41 61.58
2	导流明渠 土方开挖 土方填筑	m³ m³	28 600.00 28 600.00	11.05 12.47	67.26 31.60 35.66
二	施工交通工程				125.00
	施工干道（泥结碎石） 临时支线 施工便桥	m m m	2 000.00 1 000.00 20.00	300.00 50.00 30 000.00	60.00 5.00 60.00
三	施工房屋建筑工程				87.50
1	文化福利房屋	m²	1 000.00	800.00	80.00
2	施工仓库	m²	1 500.00	500.00	7.50
四	施工场外供电	m	2 000.00	250.00	50.00
五	其他施工临时工程	（按一至四部分建安工作量的 2% 计，不包括其他施工临时工程）			30.98

表 5-26　　　　　　　　　独 立 费 用 概 算 表

编号	工程或费用名称	单位	数量	单价（元）	合计（万元）
(1)	(2)	(3)	(4)	(5)	(6)
	第五部分　独立费用				486.33
一	建设管理费				271.66
1	建设单位开办费（定员 10 人）				60.00
2	建设单位人员费（定员 10 人，2 年工期） 6 万元/（人·年）×10×2 年	人·年			120.00
3	建设管理经常费		180	30%	54.00
4	工程建设监理费 国家发改委发改价格〔2007〕670 号文				37.66
5	经济技术服务费（一至四部分投资的 2%）				38.22
二	生产准备费				19.04
1	生产及管理单位提前进厂费 （一至四部分建安工作量的 0.5% 计）				7.90
2	生产职工培训费 （一至四部分建安工作量的 0.5% 计）				7.90
3	管理用具购置费 （一至四部分建安工作量的 0.1% 计）				1.58

续表

编号	工程或费用名称	单位	数量	单价（元）	合计（万元）
4	工器具及生产家具购置费 （按设备费的 0.5% 计）				1.66
三	科研勘察设计费				132.13
1	科学研究试验费 （一至四部分建安工作量的 0.5% 计）				7.90
2	前期勘察设计费（工程勘察设计费的 30%）		95.56	30%	28.67
3	工程勘察设计费（按一至四部分投资的 5%）		1911.21	5%	95.56
四	其他				44.32
1	工程质量检测费 （一至四部分建安工作量的 0.2% 计）				3.16
2	安全施工费 （一至四部分建安工作量的 2% 计）				31.60
3	工程保险费 （按一至四部分投资的 0.5%）				9.56

表 5-27 　　　　　　　　　　　总 概 算 表 　　　　　　　　　　　单位：万元

编号	工程或费用名称	建安费	设备购置费	独立费用	合计	各部分比例（%）
(1)	(2)	(3)	(4)	(5)	(6)	(7)
	第一部分　建筑工程	1 109.40			1 109.40	46.27
一 二 三	拦河闸 交通工程 房屋建筑工程	1 019.40 50.00 40.00			1 019.40 50.00 40.00	
	第二部分　机电设备及安装	0.00	0.00	0.00	0.00	0.00
	第三部分　金属结构设备及安装	45.16	331.24		376.40	15.70
	拦河闸 设备融资利息	45.16	291.84 39.40		337.00 39.40	
	第四部分　施工临时工程	425.41			425.41	17.74
一 二 三 四 五	施工导流工程 交通工程 房屋建筑工程 场外供电 其他临时工程	131.93 125.00 87.50 50.00 30.98			131.93 125.00 87.50 50.00 30.98	
	第五部分　独立费用			486.33	486.33	20.29
一 二 三 四	建设管理费 生产准备费 科研勘测设计费 其他			271.66 19.04 132.13 44.32	271.66 19.04 132.13 44.32	
	第一至五部分投资合计	1 534.81	331.24	486.33	2 397.54	100.00
	预备费				350.98	
	基本预备费 （一至五部分之和的 5% 计）				119.88	

续表

编号	工程或费用名称	建安费	设备购置费	独立费用	合计	各部分比例（%）
	价差预备费 （资金流量按两年均分，$P=6\%$）				231.10	
	建设期融资利息					
	静态总投资				2 517.52	
	总投资				2 748.62	

任务五　移民和环境部分概（估）算工程

移民和环境部分由移民征地补偿、水土保持工程、环境保护工程组成。

一、移民征地补偿

1. 编制依据

大中型工程按照《大中型水利水电工程建设征地补偿和移民安置条例》（2006年国务院令471号）编制，地方工程按照地方实施《中华人民共和国土地管理法》和《水利水电工程建设征地移民安置规划设计规范》（SL 290—2009）的办法执行。

2. 项目组成

（1）农村部分补偿费。

农村部分补偿费指库区淹没（包括淹没、浸没、塌岸区以及其他影响区，下同）范围内农村移民迁移和乡村企业、事业单位迁建等所需的补偿费用。

费用内容：包括土地补偿费和安置补助费、房屋及附属建筑物补偿费、农副业设施补偿费、小型水利水电设施补偿费、农村工商企业补偿费、文化教育和医疗卫生等单位迁建补偿费、居民点基础设施建设费、搬迁补助费、其他补偿、过渡期补助费和生产安置措施费等。

1）土地补偿费和安置补助费。按照《大中型水利水电工程建设征地补偿和移民安置条例》国务院（第471号令）及浙江省有关政策规定计算。

①按年产值的倍数计算。征收耕地的，按照《大中型水利水电工程建设征地补偿和移民安置条例》规定："大中型水利水电工程建设征收耕地的，土地补偿费和安置补助费之和为该耕地被征收前三年平均年产值的16倍。土地补偿费和安置补助费不能使需要安置的移民保持原有生活水平、需要提高标准的，由项目法人或者项目主管部门报项目审批或者核准部门批准"。根据"浙江省实施《中华人民共和国土地管理法》办法"规定，土地补偿费和安置补助费的总和最高不得超过土地被征用前三年平均年产值的三十倍。

征用耕地以外的其他农用地、未利用地的，土地补偿费和安置补助费的计算，按照浙江省实施《中华人民共和国土地管理法》办法及其他有关规定计算。征收建设用地的，参照耕地的补偿标准补偿。

青苗补偿费：

按照当季作物的产值计算；被征用土地上的树木和建筑物、构筑物、农田水利设施等的补偿费，按照其实际价值计算。

年产值的确定：

年产值的确定必须符合当地实际。根据浙江省国土资源厅"转发国土资源部关于做好征地统一年产值和区片综合价公布实施工作的通知"，统一年产值标准每亩不低于 1 800 元。

②区片综合价。城镇规划区内征用土地：根据"浙江省人民政府关于加强和改进土地征用工作的通知"（浙政发〔2002〕27 号）精神，水利工程在城镇规划区内征用土地，推行"区片综合价"。"区片综合价"涵盖土地补偿费和安置补助费两项费用。

"区片综合价"按各市、县政府的规定计列。根据浙土资发〔2008〕136 号规定：征收耕地的区片综合价每亩不低于 3 万元。

③土地征收费，为土地补偿费、安置补助费和青苗补偿费之和。

2）房屋及附属建筑物补偿费，包括房屋补偿费、房屋装修补助费、附属建筑物补偿费。

房屋补偿标准：采用典型设计的成果分析确定，或以地方政府部门公布的重置价格分析确定。

房屋装修补助标准和附属建筑物补偿标准：结合实物的分类及量纲，按照房屋基本结构补偿标准的编制原则确定。

3）农副业设施补偿费，按原有设施状况、规模和标准计算。

4）小型水利水电设施补偿费，对移民集体或个人所有的小型水电站、抽水泵站、排涝泵站、灌溉渠道、水库、水塘等设施，按原有规模和标准，结合移民安置规划，扣除可利用的设备材料后计算。

5）农村工商企业补偿费，按照调查的房屋、附属建筑物、各种设施及设备的数量和原有规模，分项计算。物资搬迁费及搬迁期间停产损失费，按照迁移距离、搬迁时间、停产状况分项计算。

6）文化、教育、医疗卫生等事业单位迁建补偿费，按照重建原有房屋和搬迁原有设施进行计算。

7）居民点基础设施补偿费，包括移民安置点新址征收土地的土地补偿费和安置补助费、青苗补偿费等；新址场地平整及挡护工程、居民点内道路、供水、排水、供电、电信、广播电视等工程费用，按移民安置点规划设计分项计算。

8）搬迁补助费，包括移民个人或集体在搬迁时的车船运输、食宿、医药、误工、物资损失和临时住房补贴，一般按迁移距离、物资数量、运输方式和时间等情况分项计算。

9）其他补偿费，包括移民个人种植的零星果木、树木补偿及其他必要的补助。

10）过渡期生活补助费，应结合生产安置规划分析确定，过渡期按 1～3 年考虑。

11）生产安置措施费，应根据生产安置规划投资平衡分析确定。投资平衡分析是指生产安置规划所需投资与土地补偿费及安置补助费、水利设施补偿费等之和的平衡关系分析。当土地补偿费及安置补助费、水利设施补偿费等之和小于生产安置规划所需投资时，可增列生产安置措施费。

（2）城集镇部分补偿费。

城集镇部分补偿费指库区内县城、集镇的搬迁补偿费。

费用内容：包括房屋及附属建筑物、新址征地、基础设施建设、搬迁补助、工商企业、行政事业单位、其他补偿。

（3）工业企业补偿费。

费用内容：包括用地补偿、房屋及附属建筑物、基础设施和生产设施、设备、搬迁补助、停产损失、零星树木等。

（4）专业项目补偿费。

专业项目补偿费指库区内的工矿企业、铁路、公路、航运、电信、广播电视、输变电、水利设施、库周交通及文物古迹保护的恢复改建补偿费等。

（5）防护工程费。

防护工程费指对库区内不作淹没补偿和迁建的受淹对象进行防护处理所需的工程费用。

费用内容：包括建筑工程、机电设备及安装工程、金属结构设备及安装工程、施工临时工程、独立费用和基本预备费。按照选定的防护工程方案设计所需的费用计列。

（6）库底清理费。

库底清理费指库区内一般性清理和卫生防疫措施的费用。如建筑物拆除与清理，卫生清理与消毒，林地清理等。

库底一般性清理费，按照清库设计工作量和清理措施，计列所需投资。

库底特殊清理指有关部门根据库区开发利用的不同要求而确定的清理。特殊清理所需投资由有关部门自行承担。

（7）其他费用。

费用内容：包括前期工作费、勘测设计科研费、实施管理费、实施机构开办费、技术培训费和监督评估费（专业项目中已计列上述费用的不再重复计列其他费用）。

1）前期工作费。在水利水电工程项目建议书阶段和可行性研究报告阶段开展建设征地移民安置前期工作所发生的各种费用，主要包括前期勘测设计、移民安置规划大纲编制、移民安置规划配合工作以及咨询服务费等，可按一至六项费用之和的 1%～2% 计列。

2）勘测设计科研费。为初步设计和技施设计阶段征地移民设计工作所需要的勘测设计科研费用。根据工程建设征地移民的类型和规模，可按一至六项费用之和的 2%～3% 计列。初步设计阶段勘测设计科研费占 40%～45%，技施设计阶段占 60%～55%。

3）实施管理费，包括移民实施机构和项目建设单位的经常性管理费用，可按一至六项费用之和的 2%～3% 计列。

4）实施机构开办费。为移民实施机构启动和运作所必须配置的办公用房、车辆和设备购置及其他用于开办工作所需要的费用，根据移民规模和机构人员编制情况，分项计算确定。考虑征地移民管理工作要求，可按表 5-28 参考取值。

表 5-28　　　　　　　　　　实施机构开办费标准表

移民人数（人）	200 以下	500	1000	5000	10 000 以上
开办费（万元）	20	50	100	200	300～500

5）技术培训费。为提高农村移民生产技能、文化素质和移民干部管理水平所需的费用，可按第一项费用的 0.5% 计列。未涉及移民搬迁的不计此项费用。

6）监督评估费。监督费主要为对移民搬迁、生产开发、城（集）镇迁建、工业企业和专业项目处理等活动进行监督所发生的费用。评估费主要为对移民搬迁过程中生产生活水平的恢复进行跟踪监测、评估所发生的费用。根据工程征地移民的规模和特点，可按一至六项费用之和的 0.5%～1% 计列。

（8）有关税费。

有关税费指与征收土地有关的国家规定应交纳的税费。是否计列这些税费及计列标准，按国家和省有关部门的相关规定及工程性质等实际情况确定。

有关税费主要有：耕地占用税、耕地开垦费、森林植被恢复费、海域使用金、占用水域补偿费等。

二、水土保持工程

根据《中华人民共和国水土保持法》、"浙江省实施《中华人民共和国水土保持法》办法"、《浙江省水土保持设施补偿费水土流失防治费征收和使用管理办法》等有关法规，建设单位应编制水土保持工程方案报有关部门审查，其中水土保持工程费和水土保持设施补偿费，按《浙江省水土保持工程概算编制办法》计算，投资列入建设项目概算总投资。

三、环境保护工程

环境保护工程指由于兴建水库（含其他水利工程）对环境等造成不利影响进行补偿以及环境保护措施而需要的费用。概算投资按《水利水电工程环境保护设计概估算编制规程》（SL 359—2006）进行编制，环境保护投资列入建设项目概算总投资。但不包括列入主体工程措施费内的施工期环境保护费。

四、预备费和建设期融资利息

1. 预备费

预备费包括基本预备费和价差预备费两项。

基本预备费，初步设计阶段按各项投资之和（不含有关税费）的 8% 计列。

价差预备费，计算方法同工程部分。

2. 建设期融资利息

按照工程的合理建设工期拟定的水库移民或搬迁安置实施进度、分年投资及融资利率计算。计算方法同工程部分。

五、征地和环境部分总概算

征地和环境部分总概算见表 5-29。

表 5-29   征地和环境部分总概算表   单位：万元（或元）

编号	序号	工程或费用名称	建筑安装工程费	设备购置费	独立费用	合计
19	Ⅱ	征地和环境部分				
20	一	水库区征地补偿和移民安置投资				
21	二	工程建设区征地补偿和移民安置投资				
22	三	水土保持工程				
23	四	环境保护工程				
24		一至四项合计（20＋21＋22＋23）				
25		预备费（26＋27）				
26		基本预备费				
27		价差预备费				
28		建设期还贷利息				
29		静态总投资（24＋26）				
30		征地和环境部分总投资（27＋28＋29）				
31						

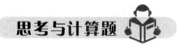

思考与计算题

一、思考题

1. 工程静态总投资由哪些内容组成？如何计算？工程总投资由哪些内容组成？

2. 试述设计概算的编制程序。

3. 设计概算文件的组成包括哪些内容？

4. 设计概算的工程量计算应注意哪些问题？

二、计算题

1. 某枢纽二类工程的分年度投资见表5-30，试根据《编规（2010）》计算资金流量。已知：基本预备费费率6％，年物价指数5％，建设期融资利率4.5％，各施工年份融资额占当年投资比例70％。

表 5-30

分 年 度 投 资 表

单位：万元

项目	合计	建设工期（年）			
		1	2	3	4
一、建筑工程	18 000	4 000	6 000	5 000	3 000
二、安装工程	1 300	50	450	500	300
三、设备工程	4 150	150	1 200	1 800	1 000
四、独立费用	1 000	350	300	250	100

2. 某工程从国外进口一套设备，经海运抵达港口，再转运至工地。

已知：资料如下：

（1）设备到岸价200万美元/套，汇率比1美元＝6.5元人民币；

（2）外贸手续费1.5％；

（3）进口关税10％；

（4）增值税17％；

（5）同类国产设备原价：3.2万元/t（该套设备重量260t）；

（6）同类国产设备港口至工地运杂费率6％；

（7）运输保险费0.4％；

（8）采购及保管费率0.7％；

请计算该套进口设备的设备费（单位：万元；保留两位小数点）。

项目六　其他阶段工程造价文件编制

　重点提示

1. 熟悉投资估算、项目管理概算编制程序及文件组成；
2. 熟悉投资估算、项目管理概算、施工图预算、施工预算、工程量清单的作用；
3. 掌握施工图预算、施工预算编制、工程量清单编制的方法和步骤；
4. 了解竣工结算的作用和内容；
5. 了解竣工决算的主要内容；
6. 熟悉项目后评价的主要内容；
7. 掌握竣工决算书的编制方法。

任务一　投　资　估　算

一、投资估算的作用

投资估算是可行性研究阶段的造价文件，是可行性研究报告的重要组成部分，是国家为选定近期开发项目作出科学决策和批准开展初步设计的依据之一。

投资估算在项目划分和费用构成、估算文件组成上与初步设计概算基本相同，但由于两者的设计深度不同，所以在编制方法和计算标准上投资估算要比概算更具有概括性和综合性。

二、编制方法和内容

（一）编制基础单价

基础单价即人工、材料、施工用电风水预算单价、施工机械台班费、砂石料单价等。可根据现行编规编制。

（二）编制建筑、安装工程单价

建筑、安装工程单价的组成与设计概算相同，一般采用概算定额，但考虑投资估算的深度和精度，应在《预算定额（2010）》的基础上增加8％的定额扩大系数。

（三）编制分部工程估算

1. 分部工程估算分五部分编制

分部工程估算与设计概算相同，分五部分编制

第一部分，建筑工程。主体工程大体同概算编制，其他建筑工程可视工程规模按主体建筑工程投资的扩大单位指标进行计算。

第二部分，机电设备及安装工程。编制方法与设计概算基本相同。

第三部分，金属结构设备及安装工程。编制方法与设计概算基本相同。

第四部分，施工临时工程。编制方法与设计概算基本相同。

第五部分，独立费用。编制方法与设计概算基本相同。

2. 预备费、建设期融资利息

工程部分：可行性研究投资估算的基本预备费费率取 8%～10%；项目建议书阶段投资估算的基本预备费费率取 10%～12%。

征地补偿和移民安置部分：可行性研究投资估算的基本预备费费率取 12%；项目建议书阶段投资估算的基本预备费费率取 15%。

建设期融资利息，计算方法同设计概算。

投资估算表格，基本与设计概算相同。

任务二　项目管理预算

水利部《水利工程造价管理暂行规定》（2012）中明确指出，水利工程建设实施阶段造价管理的基本原则是：静态控制、动态管理、各负其责。

水利工程项目管理预算是工程建设实施阶段造价管理工作的重要组成部分，是静态控制的有力措施。

一、项目管理预算的概念

工程项目实施过程中项目法人不仅要了解总投资，更要系统了解各个标段的投资。由于初步设计阶段分标方案尚未明确，因而设计概算是无法按照标段反映投资的。因此，在批准的设计概算静态总投资额度之内，不同的建设阶段编制不同形式的投资文件很有必要。项目管理预算是在国家批准的初步设计概算基础上，以有利于投资人和项目法人对投资进行有效的管理为目的，根据工程分标方案和招标文件的工程量清单进行编制的投资文件。

二、项目管理预算的作用

设计概算是前期工作中向主管部门及投资人提供投资规模的重要文件，设计概算作为项目的总控目标，其作用无可置疑，但它不是工程实施过程控制投资的唯一文件。在项目实施过程中，仍然用设计概算控制投资则操作困难，具体表现在设计概算的项目划分与实际的标段划分完全不同，设计概算按照五部分划分投资，而实施过程是依据标段划分项目的；设计概算的设计深度有局限，在实施过程中设计方案、施工方案以及工程量等变更在所难免；设计概算采用的定额整体水平及计费标准是全国的平均水平，这与不同标段的承包商的投标报价水平及施工实际存在较大出入，难以体现个性。例如，按照定额计算的砂石料单价与实际差别颇大，有些项目甚至余度很大。

为了有效控制静态投资，就要解决工程量、中标价及风险预留金等关键问题。根据分标方案的标段划分项目和招标文件，按照"实事求是、合理调整、留出空间"的原则来编制项目管理预算，以此作为项目法人控制各招标工程项目、各独立费用项目投资限额的主要依据。静态投资是项目法人制订年度投资计划、编报统计报表、考核造价盈亏、项目法人绩效评价的重要依据。这样的投资文件与工程施工的标段一致，在控制投资方面可操作性强，也有助于计划、统计、财务、审计、稽查统一尺度和标准。

目前，多数项目法人委托有一定资质的工程造价咨询单位编制项目管理预算。项目管理预算价与合同价两种价格体系相抵的预算盈余额是考核造价管理水平的重要指标。

三、项目管理预算的编制

根据项目分标方案和招标文件编制项目管理预算。编制项目管理预算一般在主体工程招标完成后进行，按照招标文件提供的工程量清单，以批准的设计概算编制年价格水平进行编制，允许在批准的静态投资额度内进行合理调整，预留风险费用，总投资控制在批准的设计概算总投资之内。

（一）项目管理预算的项目划分

项目管理预算原则上划分为三到四个层次，第一层次一般划分为建安工程采购、设备采购、专项工程采购、技术服务采购、地方政府包干项目、项目法人管理费用、预留风险费用以及价差预留费和建设期融资利息等部分，前七部分构成工程静态总投资，后两部分构成工程动态投资。

上述项目划分也可以根据投资管理的要求和工程的具体情况增删调整；每个部分一般可再划分二到三个层次的项目，二、三层次的项目划分，可参照《浙江省水利水电工程设计概（预）算编制规定（2010）》的工程项目划分、工程招标标段划分、招标工程量清单等结合工程的具体情况设置。

第一部分，建安工程采购。

主体建安工程和大型临时建安工程按照工程分标项目分别独立列项；一般招标工程项目，可参照设计概算采用的项目划分方法适度合并。

第二部分，设备采购。

机电主要设备按照招标项目独立列项；水力机械辅助设备、电气设备等可按招标项目合并为系统列项；公用设备按通信、通风采暖、机修等分类列项。金属结构设备按闸门设备、启闭设备和拦污设备分类列项。

第三部分，专项工程采购。

专业工程采购指专业技术相对独立的工程项目，列入专项工程采购部分。

第四部分，技术服务采购。

技术服务采购指科学研究试验等技术服务项目，列入技术服务采购部分。

第五部分，地方政府包干项目。

地方政府包干项目指水库淹没处理补偿费、水土保持工程、环境保护工程等项目。若这些项目中有不由政府包干的工程，可列入专项工程采购项下。

第六部分，项目法人管理费用。

项目法人管理费用项目指项目法人自身开支和管理的费用项目，如项目建设管理费、联合试运转费及生产准备费等。

第十部分，预留风险费用。

预留风险费用指可调剂预留费、基本预留费和建设期融资利息。

（二）编制方法

1．工程量

（1）已完工的工程项目，按结算工程量编制。

（2）已完成招标设计的工程项目，按招标设计工程量编制。

（3）未完成招标设计的一般工程项目，按初步设计工程量编制。

2．工程单价

（1）基础价格。编制工程单价所依据的人工、电、风、水、砂石料、主要材料预算价格和施工机械台班费用，应与设计概算所采用的价格水平保持一致。

（2）定额依据。编制工程单价所选取的人工、机械效率，应根据该工程实际情况或施工企业可能达到的效率，在留有余地的基础上，对设计概算中相应工程单价所采用定额的人工和机械的效率予以提高；编制工程单价所选取的材料消耗量，在取得试验资料和有准确定量的前提下，可对设计概算中相应工程单价所采用定额的材料消耗量适当降低（如混凝土水泥用量、石方开挖炸药用量等）。总之，其调整幅度，应视其招标工程的风险程度，予以区别对待。

（3）措施费。可直接采用设计概算采用的费率计算，也可按各招标工程的具体情况，适当降低费率。如部分临时工程摊入工程单价的，应增列临时工程工程摊销费。同时，相应降低其他临时工程费用。

（4）间接费和利润。可直接采用设计概算的费率计算，也可根据工程具体情况，适当降低费率。

（5）税金。直接按设计概算的税费计算。如设计概算采用的税率与国家现行税费率有出入时，应执行国家现行税费率。

（6）施工组织设计。可根据招标工程的施工组织设计方案，修改设计概算中相应单价采用的施工条件和施工方法。

上述工程单价的编制方法，适用于项目管理预算中需编制工程单价的所有项目。

3. 设备价格

（1）已招标的设备采用中标价。

（2）未中标的设备采用设计概算价。

4. 费用项目

费用项目包括技术服务采购、项目法人管理费用和预留风险费用。

（1）技术服务采购项目不得突破设计概算相应额度，可根据项目的招标价和国家有关规定分别编制。

（2）项目法人管理费用项目原则上按设计概算相应值计列。

（3）预留风险费用项目。基本预备费，按设计概算值计列；可调剂预留费用，根据工程可能存在的风险预测分析计列。

5. 地方政府包干项目

按设计概算值计列。

6. 价差预备费

可按设计概算规定计算，作为投资动态管理的依据。

7. 建设期融资利息

按设计概算值计列。

任务三　施 工 图 预 算

施工图预算（又称设计预算）是依据施工图设计文件、施工组织设计、现行的《浙江省水利水电建筑工程预算定额（2010）》及费用标准等文件编制的。

一、施工图预算的作用

施工图预算是在施工图设计阶段，在批准的概算范围内，根据国家现行规定，按施工图纸和施工组织设计综合计算的造价。其主要作用如下：

（1）它是确定单位工程项目造价的依据。施工图预算比主要起控制造价作用的概算更为具体和详细，因而可以起到确定造价的作用。对工业与民用建筑而言尤为突出。如果施工图预算超过了设计概算，应由建设单位会同设计部门报请上级主管部门核准，并对原设计概算进行修改。

（2）它是签订工程承包合同，实行投资包干和办理工程价款结算的依据。因施工图预算确定的投资较概算准确，故对于不进行招投标的特殊或紧急工程项目等，常采用预算包干。按照规定程序，经过工程量增减、价差调整后的预算作为结算依据。

（3）它是施工企业内部进行经济核算和考核工程成本的依据。施工图预算确定的工程造价是工程项目的预算成本，其与实际成本的差额即为施工利润，是企业利润总额的主要组成部分。这就促使施工企业必须加强经济核算，提高经营管理水平，以降低成本，提高经济效益。同时也是编制各种人工、材料、半成品、成品、机具供应计划的依据。

（4）它是进一步考核设计方案经济合理性的依据。施工图预算更详尽和切合实际，可以进一步考核设计方案的技术先进性和经济合理性程度。施工图预算，也是编制固定资产的依据。

二、施工图预算编制方法

施工图预算与设计概算的项目划分、编制程序、费用构成、计算方法等基本相同。施工图是工程实施的蓝图，建筑物的细部结构构造、尺寸、设备及装置性材料的型号、规格都已明确，所以据此编制的施工图预算，较概算编制要精细。编制施工图预算的方法与设计概算的不同之处具体表现在以下几个方面。

（一）主体工程

施工图预算与概算都采用工程量乘单价的方法计算投资，但深度不同。

概算根据概算定额和初步设计工程量编制，其三级项目经综合扩大，概括性强，而施工图预算则依据《预算定额（2010）》和施工图设计工程量编制，其三级项目较为详细。如概算的闸、坝工程，一般只需套用定额中的综合项目计算其综合单价；而施工图预算需根据《预算定额（2010）》将各部位划分更详细的三级项目，分别计算单价。

（二）非主体工程

概算中的非主体工程以及主体工程中的细部结构采用综合指标（如铁路单价以元/km计，遥测水位站单价以元/座计等）或百分率乘二级项目工程量的方法估算投资；而施工图预算则均要求按三级项目乘工程单价的方法计算投资。

（三）造价文件形成和组成

概算是初步设计报告的组成部分，在初步设计阶段一次完成，概算完整地反映整个建设项目所需的投资。由于施工图的设计工作量大、历时长，故施工图设计大多以满足施工为前提，陆续出图。因此，施工图预算通常以单项工程为单位，陆续编制，各单项工程单独成册，最后汇总形成总预算投资。

任务四　施　工　预　算

施工预算是施工企业根据施工图纸、施工措施及企业施工定额编制的建筑安装工程在单位工程或分部分项工程上的人工、材料、施工机械台班消耗数和直接费标准，是建筑安装产品及企业基层成本考核的计划文件。施工预算、施工图预算、竣工结算是施工企业进行施工管理的"三算"。

一、施工预算的作用

施工预算的作用主要有以下几个方面：

（1）施工预算是施工企业进行经济活动分析的依据。进行经济活动分析是企业加强经营管理，提高经济效益的有效手段。经济活动分析，主要是应用施工预算的人工、材料和机械台班数量等与实际消耗对比，同时与施工图预算的人工、材料和机械台班数量进行对比，分析超支、节约的原因，改进操作技术和管理手段，以有效地控制施工中的消耗，节约开支。

（2）施工预算是编制施工作业计划的依据。施工作业计划是施工企业计划管理的中心环节，也是计划管理的基础和具体化。编制施工作业计划，必须依据施工预算计算单位工程或分部分项工程的工程量、材料构配件数量、劳力数量等。

（3）施工预算是计算超额奖和计算计件工资、实行按劳分配的依据。施工预算所确定的人工、材料、机械使用量与工程量的关系是衡量工人劳动成果、计算应得报酬的依据，它把工人的劳动成果与劳动报酬联系起来，很好地体现了多劳多得，少劳少得的按劳分配的原则。

（4）施工预算是施工单位向施工班组签发施工任务单和限额领料的依据。施工任务单是把施工作业计划落实到班组的计划文件，也是记录班组完成任务情况和结算班组工人工资的凭证。施工任务单的内容可以分为两部分：第一部分是下达给班组的工程任务，包括工程名称、工作内容、质量要求、开工日期和竣工日期、计量单位、工程量、定额指标、计件单价和平均技术等级；第二部分是实际任务完成的情况记载和工资结算，包括实际开工日期和竣工日期、完成工程量、实际工日数、实际平均技术等级、完成工程的工资额、工人工时记录表和每人工资分配额等。其主要工程量、工日消耗量、材料品种和数量均来自施工预算。

二、施工预算的编制依据

编制施工预算的主要依据包括施工图纸、施工定额及施工组织设计和实施方案、有关的手册资料等。

（一）施工图纸

施工图纸和说明书必须是经过建设单位、设计单位和施工单位会审通过的，不能采用未经会审通过的图纸，以免返工。

（二）施工定额

施工定额包括全国建筑安装工程统一劳动定额和各部、各地区颁发的专业施工定额。凡是已有施工定额可以查照使用的，应参照施工定额编制施工预算中的人工、材料及机械使用费。在缺乏施工定额作为依据的情况下，可按有关规定自行编排定额。施工定额是编制施工预算的基础，也是施工预算与施工图预算的主要差别之一。

（三）施工组织设计

由施工单位编制详细的施工组织设计，所确定的施工方法、施工进度以及所需的人工、材料和施工机械的数量作为编制施工预算的基础。例如混凝土浇筑工程，应根据设计施工图，结合工程具体的施工条件，确定拌和、运输浇筑机械的数量，具体的施工方法和运输距离等。

（四）其他资料

诸如建筑材料手册，人工、材料、机械台班费用标准，施工机械手册等。

三、施工预算的编制步骤和方法

（一）编制步骤

编制施工预算和编制施工图预算的步骤相似。首先应熟悉设计图纸及施工定额，对施工单位的人员、劳力、施工技术等有大致了解；对工程的现场情况、施工方法要比较清楚；对施工定额的内容、所包括的范围应了解。为了便于与施工图预算相比较，编制施工预算时，应尽可能与施工图预算的分部分项工程相对应。在计算工程量时所采用的计算单位要与定额的计量单位相适应。具备施工预算所需的资料，在已熟悉了基础资料和施工定额的内容后，就可以按以下步骤编制施工预算。

1. 计算工程量

工程实物量的计算是编制施工预算的基本工作，要认真、细致、准确，不得错算、漏算和重算。凡是能够利用施工图预算的工程量，就不必再算，但工程项目、名称和单位一定要符合施工定额。工程量计算应仔细核查无误后，再根据施工定额的内容和要求，按工程项目的划分逐项汇总。

2. 按施工图纸内容进行分项工程计算

套用的施工定额必须与施工图纸的内容相一致。分项工程的名称、规格、计量单位必须与施工定额所列的内容相一致，逐项计算分部分项工程所需的人工、材料、机械台班使用量。

3. 工料分析和汇总

有了工程量后，按照工程的分项名称顺序，套用施工定额的单位人工、材料和机械台班消耗量，逐一计算出各个工程项目的人工、材料和机械台班的用工用料量，最后同类项目工料相加予以汇总，便成为一个完整的分部分项工料汇总表。

4. 编写编制说明

编制说明包括的内容有：编制依据，包括采用的图纸名称及编号，采用的施工定额，施工组织设计或施工方案；遗留项目或暂估项目的原因和存在的问题以及处理的办法等。

（二）编制方法

编制施工预算的方法有两种：一是实物法，二是实物金额法。

1. 实物法

实物法的应用比较普遍。它是根据施工图和说明书，按照劳动定额或施工定额规定计算工程量，汇总、分析人工和材料数量，向施工班组签发施工任务单和限额领料单。实行班组核算，与施工图预算的人工和主要材料进行对比，分析超支、节约原因，以加强企业管理。

2. 实物金额法

实物金额法即根据实物法编制施工预算的人工和材料数量分别乘以人工和材料单价，求得直接费，或根据施工定额规定计算工程量，套用施工定额单价计算直接费。其实物量用于向施工班组签发施工任务单和限额领料单，实行班组核算。直接费与施工图预算的直接费进行对比，以改进企业管理。

四、施工预算和施工图预算对比

施工预算和施工图预算对比是建筑企业加强经营管理的手段，通过对比分析，找出节约、超支的原因，研究解决措施，防止人工、材料和机械使用费的超支，避免发生计划成本亏损。

施工预算和施工图预算对比是将施工预算计算的工程量，套用施工定额中的人工定额、材料定额、分析出人工和主要材料数量，然后按施工图预算计算的工程量套用预算定额中的人工、材料定额，得出人工和主要材料数量，对两者人工和主要材料数量进行对比，对机械台班数量也应进行对比，这种对比称为实物对比法。

将施工预算的人工和主要材料、机械台班数量分别乘以单价，汇总成人工、材料、机械使用费，与施工图预算相应的人工、材料和机械使用费进行对比。这种对比法称为实物金额对比法。

由于施工图预算定额与施工预算定额的定额水平不一样，施工预算的人工、材料、机械使用量及其相应的费用一般应低于施工图预算。当出现相反情况时，要调查分析原因，必要时要改变施工方案。

任务五　工程量清单

一、工程量清单的概念

工程量清单是一份由招标人提供的文件，它是招标工程项目名称和相应数量的明确清单。它将招标工程的全部项目按一定的方式进行分解，采用表格形式详细列出包括具体的施工项目及其计量单位、数量、单价、合价等项内容的一份清单，由发包人填写项目及工程量栏，投标人填入单价和合价栏。投标人未填写的单价和合价，视为此项费用已包含在工程量清单的其他单价和合价中。因此，工程量清单是建设项目招标文件的重要组成部分，也是施工承包合同的重要组成部分。

二、工程量清单的作用

（1）工程量清单是招标人编制工程标底的依据。招标人利用工程量清单编制标底价格，供评标时参考。

（2）工程量清单是投标人投标报价的依据。它为投标人提供一个公开、公平、公正的竞争环境。工程量清单由招标人统一提出，避免了由于计算不准确，项目不齐全等人为因素造成的不公正影响，使投标人站在同一起跑线上，创造了一个公平的竞争环境。

（3）工程量清单是计算工程价款和合同结算的依据。因此填制此表的各方都应认真对待。投标人在编制投标文件时，对工程量清单中的每一项目的工作内容、标准、要求要认证研究，对填写的单价应加以仔细分析，确定一个既合理又具有竞争性的单价和合价，以期达到中标并增加盈利的目的。

实行工程量清单计价招标投标的水利工程，其招标标底、投标报价的编制，合同价款的确定与调整，以及合同价款的结算均要依据清单的说明、内容、工作范围和技术条款的计量支付规定进行。

三、浙江省水利工程工程量清单计价办法

浙江省水利厅、浙江省发展和改革委员会以浙水建〔2012〕50 号文颁发，《浙江省水利工程工程量清单计价办法》自 2013 年 1 月 1 日起实施。

（一）工程量清单编制

工程量清单是工程量清单计价的基础，应作为编制招标控制价、投标报价、计算工程量、支付工程款、调整合同价款、办理竣工结算以及工程索赔等的依据之一。

工程量清单应由分类分项工程量清单、措施项目清单、其他项目清单和零星工作项目清

单组成。

1. 分类分项工程量清单

分类分项工程量清单包括序号、项目编码、项目名称、项目特征、计量单位、工程数量、主要技术条款编码和备注八项内容。

分类分项工程量清单的项目编码采用12位阿拉伯数字表示。1~9位应按照工程项目属性选定，10~12位根据拟建工程的工程部位、强度等级以及型号规格等设置。

2. 措施项目清单

措施项目清单，应根据招标工程的具体情况列项。措施项目内容指为辅助永久工程施工所必需修建的生产和生活临时工程。

3. 其他项目清单

其他项目清单，应根据拟建工程具体情况，包括安全施工费、保险费、预留金。

4. 零星工作项目清单

零星工作项目清单，应根据招标工程具体情况，对工程实施过程中可能发生的变更或新增加的零星项目，列出人工、材料、机械的名称、型号规格和计量单位，并随工程量清单发至投标人。

（二）工程量清单计价

实行工程量清单计价招标投标的水利工程，其招标控制价、投标报价的编制，合同价款的确定与调整，工程价款的结算，均应按本计价办法执行。

（1）分类分项工程量清单计价应采用工程单价计价。工程单价组成内容，按招标文件、图纸、附录A和附录B中的"主要工作内容"确定。除围垦工程土石方填筑的设计（永久）沉降量计入工程量外，其余工程的超挖、超填工程量，施工附加量，加工、运输损耗量等所消耗的人工、材料和机械费用，均应摊入相应有效工程量的工程单价之内。

（2）措施项目清单的金额，应根据招标文件的要求以及工程的施工方案，按措施项目清单所列项目计量单位计价。可以计算工程量的措施项目，应按分类分项工程量清单的方式采用工程单价计价。

（3）其他项目清单应按下列规定确定：

1）安全施工费应按相关规定计算，不得作为竞争性费用。

2）保险费按相关规定确定。

3）预留金由招标人按估算金额确定。

（4）零星工作项目费应根据"零星工作项目清单"由投标人确定。

任务六 竣 工 结 算

工程竣工结算是指工程项目或单项工程竣工验收后，施工单位向建设单位结算工程价款的过程，通常通过编制竣工结算书来办理。而施工过程中的结算属于中间结算，这里不再赘述。

单位工程或工程项目竣工验收后，施工单位应及时整理交工技术资料，绘制主要工程竣工图，编制竣工结算书，经建设单位审查确认后，由建设银行办理工程价款拨付。因此，竣工结算是施工单位确定建筑安装工程施工产值和实物工程完成情况的依据，是建设单位落实投资额，拨付工程价款的依据，是施工单位确定工程的最终收入，进行经济考核及考核工程成本的依据。

一、竣工结算资料

竣工结算资料包括：

（1）工程竣工报告及工程竣工验收单。

（2）施工单位与建设单位签订的工程合同或双方协议书。

（3）施工图纸、设计变更通知书、现场变更签证及现场记录。

（4）《预算定额（2010）》、材料价格、基础单价及其他费用标准。

（5）施工图预算、施工预算。

（6）其他有关资料。

二、竣工结算书的编制

竣工结算书的编制内容、项目划分与施工图预算基本相同。其编制步骤为：

（1）以单位工程为基础，根据现场施工情况，对施工图预算的主要内容逐项检查核对，尤其应注意以下三方面的核对：第一，施工图预算所列工程量与实际完成工程量不符合时应作调整，其中包括：设计修改和增漏项而需要增减的工程量，应根据设计修改通知单进行调整；现场工程的变更，例如基础开挖后遇到古墓，施工方法发生某些变更等应根据现场记录按合同规定调整；施工图预算发生的某些错误，应作调整。第二，材料预算价格与实际价格不符合时应作调整。其中包括：因材料供应或其他原因，发生材料短缺时，需以大代小，以优代劣，这部分代用材料应根据工程材料代用通知单计算材料价差进行调整；材料价格发生较大变动而与预算价格不符时，应根据当地规定，对允许调整的进行调整。第三，间接费和其他费用，应根据具体的相关规定，由承担责任的一方负担。

（2）对单位工程增减预算查对核实后，按单位工程归口。

（3）对各单位工程结算分别按单项工程进行汇总，编出单项工程综合结算书。

（4）将各单项工程综合结算书汇编成整个建设项目的竣工结算书。

（5）编写竣工结算说明，其中包括编制依据、编制范围及其他情况。

工程竣工结算书编写好后，送业主（或主管部门）、建设单位等审批，并与建设单位办理工程价款的结算。

任务七　项目竣工决算

一、竣工决算的概念

基本建设项目竣工财务决算报告（以下简称竣工决算）是反映建设项目实际工程造价的技术经济文件，应包括建设项目的投资使用情况和投资效果，以及项目从筹建到竣工验收的全部费用，即建筑工程费、安装工程费、设备费、临时工程费、独立费用、预备费、建设期融资利息和移民征地补偿费、水土保持费及环境保护费用。竣工决算是竣工验收报告的重要组成部分。竣工决算的主要作用包括总结竣工项目设计概算和实际造价的情况，考核投资效益，经审定的竣工决算是正确核定新增资产价值、资产移交和投资核销的依据。竣工决算的时间段是项目建设的全过程，包括从筹建到竣工验收的全部时间，其范围是整个建设项目，包括主体工程、附属工程以及建设项目前期费用和相关的全部费用。

竣工决算应由项目法人或项目责任单位编制，项目法人应组织财务、计划、统计、工程技术和合同管理等专业人员，组成专门机构共同完成此项工作。设计、监理、施工等单位应积极配合，向项目法人提供有关资料。项目法人一般应在项目完建后规定的期限内完成竣工决算的编制工作，大中型项目的规定期限为 3 个月，小型项目的规定期限为 1 个月。竣工决算是建设项目重要的经济档案，内容和数据必须真实、可靠，项目法人应对竣工决算的真实性、完整性负责。编制完成的竣工决算必须按国家《会计档案管理办法》要求整理归档，永久保存。

竣工决算报告依据水利部颁发的《水利基本建设项目竣工财务决算编制规程》（SL 19—2014）执行，该规程要求所有水利基本建设竣工项目，不投资来源、投资主体、规模大小，不论工程项目还是非工程项目，或利用外资的水利项目，只要列入国家基本建设投资计划都应按新规程编制竣工决算。

二、编制竣工决算的依据

（1）国家有关法律法规等有关文件。

（2）经批准的设计文件、项目概（预）算。

（3）年度投资和资金安排表。

（4）合同（协议）。

（5）会计核算及财务管理资料。

（6）其他资料。

三、竣工决算编制条件

（1）经批准的初步设计、项目任务书所确定的内容已完成。

（2）建设资金全部到位。

（3）竣工（完工）结算已完成。

（4）未完工程投资和预留费用不超过规定的比例。

（5）涉及法律诉讼、工程质量、征地及移民安置的事项已处理完毕。

（6）其他影响竣工财务决算编制的重大问题已解决。

四、竣工决算的编制内容

竣工决算应包括封面及目录，竣工项目的平面示意图及主体工程照片、竣工决算说明书及决算报表四部分。

（一）竣工决算说明书

竣工决算说明书是竣工决算的重要文件，它是以文字说明为主全面反映竣工项目建设过程、建设成果的书面文件，其主要内容为：

（1）项目基本情况：项目建设理由，历史沿革，项目设计，建设过程，以及"四大制度"（项目法人责任制、招标投标制、建设监理制、合同管理制）的实施情况。

（2）财务管理情况。

（3）年度投资计划、预算（资金）下达及资金到位情况。

（4）概（预）算执行情况。

（5）招（投）标、政府采购及合同（协议）执行情况。

（6）征用补偿和移民安置情况。

（7）重大设计变更及预备费动用情况。

（8）未完工程投资及预留费用情况。

（9）审计、稽查、财务检查等发现问题及整改落实情况。

（10）其他需说明的问题。

（11）报表编表说明。

（二）竣工决算报表

1. 工程类竣工决算报表

工程类竣工决算报表应包括 8 个报表，具体内容如下：

（1）水利基本建设基本情况表。反映竣工项目主要特性，建设过程和建设成果等基本情况。

（2）水利基本建设项目财务决算表。反映竣工项目历年投资来源、基建支出、结余资金等情况。

（3）水利基本建设项目投资分析表。以单项工程、单位工程和费用项目的实际支出与相应的概（预）算费用相比较，用来反映竣工项目建设投资状况。

（4）水利基本建设项目未完工程投资及预留费用表。

（5）水利基本建设项目成本表。反映竣工项目建设成本结构以及形成过程情况。

（6）水利基本建设竣工项目待核销基建支出表。反映竣工项目发生的待核销基建支出的明细情况。

（7）水利基本建设竣工项目交付使用资产表。反映竣工项目向不同资产接收单位交付使用资产情况，资产应包括固定资产（建筑物、房屋、设备及其他）、流动资产、无形资产及递延资产等。

（8）水利基本建设竣工项目转出投资表。反映竣工项目发生的转出投资的明细情况。

2. 非工程类竣工决算报表

非工程类竣工决算报表应包括 5 个报表，具体内容如下：

（1）水利基本建设基本情况表。

（2）水利基本建设项目财务决算表。

（3）水利基本建设项目支出表。

（4）水利基本建设项目技术成果表。

（5）水利基本建设竣工项目交付使用资产表。

（三）编制竣工决算表应注意的问题

1. 不同类类型的项目其主要特征及效益指标应有不同的反映

项目法人应根据项目的不同特征，选择适宜的技术经济指标，以准确反映竣工项目概况。

（1）根据水利工程的不同类型，反映的主要特征如下：

1）水库类。总库容、控制流域面积、坝型、坝体尺寸、溢洪道尺寸、闸门孔数、电站总装机容量、干渠总长度等。

2）河道治理类。治理堤防长度、堤顶宽度、新建涵闸数量、护坡面积、治理后的防洪能力、行洪能力等。

3）行蓄洪区治理类。治理堤埝个数，堤防治理长度，新建涵闸、桥梁、排灌站数量，新建道路长度新建避洪房屋面积，新建通信线路长度，治理后行蓄洪能力等。

4）水电站类。水电站装机容量，年发电量，主厂房形式，主坝坝型，总库容，闸门形式，船闸形式及尺寸，发电机组，输变电线路长度等。

5）其他。根据项目实际情况，选用适当的指标准确反映项目特征。

（2）根据水利工程不同的类型，分别选用适当的指标反映项目效益：

1）水库类。防洪控制面积，灌溉面积，控制水土流失面积，居民、工业年供水量。

2）河道治理类。灌溉面积，保护面积，控制水土流失面积，保护耕地、增加耕地等。

3）堤防治理类。保护耕地面积，保护人口，造地面积，治理后的防洪标准等。

4）行蓄洪区治理类。保护耕地面积，保护人口，造地面积，治理后的行蓄标准等。

5）水电站类。防洪能力，灌溉面积，年通航能力，居民及工业年供水能力，养鱼面积等。

6）其他。根据项目的实际情况，选用适当的指标准确反映项目的效益。

2. 新增资产价值的确定

（1）新增资产的分类。新增资产按资产的性质可分为固定资产、流动资产、无形资产、递延资产和其他资产五大类。

1）固定资产，是指使用期限超过一年，单位价值在规定标准以上，并且在使用过程中保持原有物质形态的资产，包括房屋、建筑物、机电设备、运输设备、工具器具等。不同时具备以上两个条件的为低值易耗品，列入流动资产范围内，如企业自身使用的工具用具、家具等。

2）流动资产，是指使用期限不超过一年或超过一年的一个营业周期内变现或者运用的资产，包括现金及各种存货，应收或预付款项等。

3）无形资产，是指企业长期使用但没有实物形态的资产，包括专利权、著作权、非专利技术、商标等。

4）递延资产，是指不能全部计入当年损益，应当在以后年度分期摊销的各项费用，包括开办费、延长固定资产使用寿命的改造翻修费用支出等。

5）其他资产，是指具有专门用途但不参加生产经营的经国家批准的特种物质、银行冻结存款和冻结物质，涉及诉讼的财产等。

（2）新增资产价值的确定。

1）新增固定资产价值的确定。新增固定资产价值是指投资项目竣工投产后所增加的固定资产价值，即交付使用的固定资产价值，它是以价值形态表示的建设项目固定资产最终成果的指标。它包括：

① 已投入生产或交付使用的建筑、安装工程造价。

② 达到固定资产标准的设备、工器具的购置费用。

③ 增加固定资产价值的其他费用，包括移民及土征用费、联合试运转费、勘测设计费、资源规划统筹费、报废工程损失费和建设单位管理费中达到固定资产标准的办公设备、生活家具、交通工具等的购置费。

新增固定资产价值的计算，应以单项工程为对象；单项工程建成经有关部门验收鉴定合格，正式移交使用，即应计算新增固定资产价值。一次性交付生产或使用的工程一次计算新增固定资产价值；分期分批交付生产或使用的工程，应分期分批计算新增固定资产价值。计算时应注意以下几点：

对于为了提高产品质量，改善劳动条件，节约材料消耗，保护环境而建设的附属辅助工程，只要全部建成，正式验收或交付使用后就计入新增固定资产价值。

对于单项工程中不构成生产系统，但能独立发挥效益的非生性工程，如住宅、生活福利建筑等在建成并交付使用后，也应计算新增固定资产价值。

凡购置达到固定资产标准不需要安装的设备、工器具，均应在交付使用后计入新增固定资产价值。

其他投资，如与建设项目配套的专用铁路、专用公路、专用通信设施、专用码头、送变电站等，由本项目投资，其产权归属本项目所在单位的，应随同受益工程交付使用的同时，一并计入新增固定资产价值。

2）流动资产价值的确定。

① 货币资金，即现金、银行存款和其他货币资金，一律按实际入账核定流动资产。

② 应收和预付款应按实际或合同金额入账核定。

③ 各种存货是指建设项目在建设过程中耗用而储存的各种自制和外购的货物，包括各种装置性材料、低值易耗品和其他商品等。外购的按采购价加运杂费、保险费、采保费、加工整理费及税金等计价，自制的按制造中发生的各项实际支出计价。

3）无形资产价值的确定。

① 无形资产计价原：应按取得时的实际成本计价，具体计算应遵循以下原则：

a. 投资者以无形资产作为资本金或合作条件投入的，按照对其评估确认或合同协议约定的金额计价。

b. 企业购入的无形资产按照实际支付的价款计价。

c. 企业自制并依法申请取得的无形资产，按其开发过程中的实际支出计价。

d. 企业接受捐赠的无形资产，可以按照发票单所持金额或类似无形资产的市价计算。

② 无形资产价值的确定。

a. 专利权的计价。专利权分为自制和外购两种。自制专利权，其价值为开发过程中的实际支出计价。专利转让时（包括购入或卖出），其价值主要包括转让价格和手续费用。由于专利是具有专有性并能带来超额利润的生产要素，因此其转让价格不能按其成本估价，而应依据所带来的超额收益来估价。

b. 非专利技术的计价。非专利技术是指具有某种专有技术或技术秘密、技术诀窍，是先进行的、未公开的、未申请专利的，可带来经济效益的专门知识和特有经验，如工业专有技术、商业（贸易）专有技术、管理专有技术等。

c. 商标权的计价。商标权是商标经注册后，商标所有者依法享有的权益，它受法律保障。分为自制和购入两种。企业购入或转让商标时，商标权的计价一般根据被许可方新增的收益来确定；自制的，尽管在商标设计、制作、注册和保护、广告宣传都要花费一定费用，一般不能按无形资产入账，而直接以销售费用计入当期损益。

d. 土地使用权的计价。取得土地使用权的方式有两种，则计价的方式也有两种，一是建设单位向土地管理部门申请，通过出让方式取得有限期的土地使用权而支付的出让金，应以无形资产计入核算；二是建设单位获得土地使用权原先是通过行政划拨的，就不能作为无形资产核算，只有在将土地使用权有偿转让、出租、抵押、作价入股和投资，按规定补交土地出让金后，才能作为无形资产计入核算。

无形资产入账后，应按其有限使用期内分摊。

4）递延资产的确定。

① 开办费的计价。筹建期间建设单位管理费中未计入固定资产的其他各项费用，如建

设单位经常费，包括筹建期间工作人员工资、办公费、旅差费、印刷费、生产职工培训费、注册登记费等以及不计入固定资产和无形资产购建成本的汇兑损益、利息支出。按新财务制度规定，除了筹建期间不计入资产价值的汇兑净损失外，开办费从企业开始生产经营月份的次月起，按不短于五年的期限平均摊入管理费中。

② 以经营租赁方式租入的固定资产改良工程支出的计价。以经营租赁方式租入的固定资产改良工程支出是指能增加以经营租赁方式租入的固定资产的效用或延长其使用寿命的翻修、改建等支出。应在租赁有效期内分期摊入制造费用或管理费用中。

5）其他资产计价。主要以实际入账价值核算。

（3）关于基建支出的计算。所谓基建支出，是指建设项目从开工起至竣工止发生的全部基建支出。包括形成资产价值的交付使用资产，即固定资产、流动资产、无形资产、递延资产支出以及不形成资产价值按规定的应核销的非经营性项目的待核销基建支出和转出投资。在填写基建支出时应注意：

1）建筑安装工程支出、设备工器具、投资支出、待摊投资支出和其他投资支出构成建设项目建设成本。

2）待核销基建支出的是指非经营性项目发生的河道清障、航道清淤、水土保持、项目报废等不能形成资产部分的投资。但是若形成资产部分的投资应计入交付使用资产价值。

3）非经营性项目转出投资支出是指非经营性项目为项目配套的专用设施投资，包括专用道路、专用通信设施、送变电站、地下管道等，其产权不属于本单位的投资支出。但是，若产权归属本单位的，应计入交付使用的资产价值。

（4）扫尾工程，是指全部工程项目验收后还遗留的少量扫尾工程。所留投资额（实际成本），可根据具体情况加以说明，完工后不再编制竣工决算。

五、竣工决算的编制步骤

竣工决算的编制拟分三个阶段进行。

（一）准备阶段

建设项目完成后，项目法人必须着手工作，进入准备阶段。这一阶段的重点是做好各项基础工作，主要内容包括：

（1）资金、计划的核实、核对工作。

（2）财产物资、已完工程的清查工作。

（3）合同清理工作。

（4）价款结算、债权债务的清理、包干节余及竣工结余资金的分配等清理工作。

（5）竣工年财务决算的编制工作。

（6）有关资料的收集、整理工作。

（二）编制阶段

各项基础资料收集整理后，即进入编制阶段。这阶段的重点是三个方面：一是工程造价的比较分析；二是正确分摊待摊费用；三是合理分摊建设成本。

（1）工程造价的比较分析。经批准的概、预算是考核实际建设工程造价的依据，在分析时，可将决算报表中所提供的实际数据和相关资料与批准的概预算指标进行对比，以反映竣工项目总造价和单位工程造价是节约还是超支，并找出节约或超支的具体内容和原因，总结经验，吸取教训，以利改进。

（2）正确分摊待摊费用。对能够确定由某项资产负担的待摊费用，直接计入该资产成本；不能确定负担对象的待摊费用，应根据项目特点采用合理的方法分摊计入受益的各项资产成本。目前常用的方法有两种：

1）按概算额的比例分摊。首先从概算中求出预定分配率，然后再求出某资产应分摊待摊费用。

$$N_1 = A/M \times 100\%$$

式中　N_1——预定分配率；

　　　A——概算中各项待摊费用项目的合计数（扣除可直接计入资产成本部分）；

　　　M——概算中建筑安装工程费、设备费与其他投资中应负担待摊费用的部分之和。

则

　　　　某资产应分摊待摊费用 = 该资产应负担待摊费用部分的实际价值 $\times N_1$

2）按实际数的比例分摊。首先从实际数中求出实际分配率，然后再求出某资产应分摊待摊费用。

$$N_2 = C/B \times 100\%$$

式中　N_2——实际分配率；

　　　C——上期结转和本期发生的待摊费用的合计数（扣除可直接计入部分）；

　　　B——上期结转和本期发生的建筑安装工程费、设备费与其他投资中应负担待摊费用的部分之和。

则

　　　　某资产应分摊待摊费用 = 该资产应负担待摊费用部分的实际价值 $\times N_2$

（3）合理分摊项目建设成本。一般水利工程均同时具有防洪、发电、灌溉、供水等多种效益，因此，应根据项目实际，合理分摊建设成本，分摊的方法有三种：

1）采用受益项目效益比进行分摊。

2）采用占用水量进行分摊。

3）采用剩余效益进行分摊。

（三）总结汇编阶段

在说明书撰写及 8 种表格填写后，即可汇编，加上目标及附图，装订成册，即成为建设项目竣工决算，上报主管部门及验收委员会审批。

六、竣工决算的审计

依据国家审计法和相关规定，国家审计机关对建设项目竣工决算要进行审计。工程竣工决算审计内容主要有以下方面：

（1）审查决算编制工作是否符合国家有关规定，资料是否齐全，手续是否完备。

（2）审查项目建设概算执行情况。工程建设是否严格按批准的概算内容执行，是否超概算，有无概算外项目和提高建设标准、扩大基建规模的问题，有无重大质量事故和经济损失。

（3）审查交付使用财产是否真实、完整，是否符合交付条件，移交手续是否齐全、合规。核对在建工程投资完成额，有无挤占建设成本、提高造价、转换投资。查明未能全部建成、及时交付使用的原因。

（4）审查尾工工程的未完工程量的真实性，有无虚列建设成本。

（5）审查基建结余资金的真实性，有无隐瞒、转移、挪用、隐匿结余资金。

（6）审查基建收入是否真实、完整，有无隐瞒、转移收入。

（7）审查核实投资包干结余，是否按投资包干协议或合同有关规定计取、分配、上交投资包干结余。

（8）审查竣工决算报表的真实性、完整性、合规性。

（9）评价项目投资效益。

任务八　项目后评价

建设项目后评价是在项目已经建成，通过竣工验收，并经过一段时间的生产运行后进行，是对项目全过程进行总结和评价，为了保证后评价工作的"客观、公正、科学"，选择项目后评价工作人员，应独立于该项目的决策者和前期咨询评估者。水利项目后评价依据《水利建设项目后评价报告编制规程》（SL 489—2010）编制。

一、项目后评价的目的

水利建设项目后评价是水利工程基本建设程序中的一个重要阶段，是在水利建设项目竣工验收经过 1～2 年的运行后，对项目决策、实施过程和运行等各阶段工作及其变化的原因与影响，通过全面系统的调查和客观的对比分析，总结并进行的综合评价。其目的是通过工程项目的后评价，总结经验，吸取教训，不断提高项目决策、工程实施和运营管理水平，为合理利用资金、提高投资效益、改进管理、制定相关政策等提供科学依据。

二、项目后评价的内容

水利建设项目后评价的内容包括：项目过程评价、经济评价、环境影响评价、水土保持评价、移民安置评价、社会影响评价、目标和可持续性评价等方面。其中过程评价包含：前期工作评价、建设实施评价、运行管理评价。经济评价包括：财务评价、国民经济评价。不同类型项目后评价的内容可以有所侧重。

（一）项目后评价的特殊要求

水利工程是国民经济的基础产业，对社会和环境的影响十分巨大，其内容也十分复杂，包含防洪、治涝、灌溉、发电、水土保持、航运等。水利工程的类型、功能、规模不同、后评价的目的和侧重点也就不同，因而比较复杂，与其他建设项目相比，它具有以下几个特殊要求：

1. 首先应进行投资分摊

由于水利工程建设目标及功能不同，财务收益和社会效益就不一样。如防洪、治涝、水土保持、河道治理、堤防等工程属于社会公益性项目，其本身财务收益很少，甚至没有收入，但社会效益较大；有的水利项目如水力发电和城镇供水，既有财务收益又有社会效益；而有些水利项目是多目标综合利用水利枢纽，其各项功能所产生的财务收益和社会效益又各不相同。因此，在后评价时，首先需要进行投资分摊计算。

2. 要十分注意费用和效益对应期的选定

由于水利项目的使用期较长，一般都在 30～50 年之间，而进行后评价时，工程的运行期往往还只有一、二十年或者更短。因此，在进行后评价时，大都存在投资和效益的计算期不对应的问题，即效益的计算期偏短，后期效益尚未发挥出来，导致后评价的国民经济效益和财务评价效益都过分偏低的虚假现象。对此，有两种解决办法，一是把尚未发生年份的年效益、年运行费和年流动资金均按后评价开始年份的年值或按发展趋势延长至计算期末；另一种则是后评价开始年份列入回收的固定资产余值和回收的流动资金作为效益回收，这两种办法都可以采用，在后评价时应选定其中一种进行计算，以确保费用和效益相对应。

3. 对固定资产价值进行重估

由于水利工程建设工期较长，一般均要 5～10 年，甚至 10 年以上，目前已投入运行的水利工程都在十多年以前修建的，十多年前与十多年后，由于物价变动，原来的投资或固定资产原值已不能反映其真实价值。因此，在后评价时应对其固定资产价值进行重新评估。

4. 正确选择基准年、基准点及价格水平年

由于资金的价值随时间而变，相同的资金，在不同的年份，其价值不相同，由于水利工程施工期较长，这个问题比其他建设项目更为突出。因此，在后评价中，需要选择一个标准年份，作为计算的基础，这个标准年份就叫做基准年。基准年可以选择在工程开工年份，工程竣工年份或者开始进行后评价的年份，为了避免所计算的现值太大，一般以选在工程开工年份为宜。由于基准年长达一年，因此，还有一个基准点问题，因为所有复利公式都是采用年初作为折算的基准点，因此，后评价时必须选择年初作为折算的基准点，不能选用年末或年中为基准点，这在后评价时必须注意。

（二）项目后评价的内容及步骤

1. 概述

包括：项目概况、后评估工作简述。项目概况应简述项目在地区国民经济和社会发展及流域、区域规划的地位和作用，说明项目建设目标、规模及主要技术经济指标等，简述项目建议书、可行性研究报告、初步设计、施工准备、建设实施、生产准备、竣工验收等各阶段的工作情况。后评价工作简述要求简述项目后评价的委托单位、承担单位、协作单位等；后评价的目的、原则、内容；主要工程过程。

2. 过程评价

过程评价应包括前期工作评价、建设实施评价、运行管理评价。

前期工作评价要分析项目建设的必要性和合理性，评价项目立项的正确性；要简述工程任务与规模、工程总体布置方案、主要建筑物结构、建设征地范围、投资等技术经济指标，评价前期工作质量，以及前期工作程序是否符合国家法律法规和技术标准。

建设实施评价包括：施工准备评价、建设实施评价、生产准备评价、验收工作评价。主要分析评价建设实施过程中各阶段的工作情况。

运行管理评价包括评价工程运行管理体制的建立及运行情况、工程管理范围和保护范围、生产设施是否满足技术规定和工程安全运行的需要等。

3. 经济评价

财务评价：说明项目的财务盈利能力、清偿能力；提出财务不确定性分析成果；提出财务评价结论。财务评价应按《建设项目经济评价方法与参数》（第三版）和《水利建设项目经济评价规范》（SL 72—2013）为依据，对投资、年运行费和财务效益均采用历年实际收支数字列表计算，但应考虑物价指数进行调整，调整计算时，要注意采用与国民经济评价相同的价格水平年。

国民经济评价：说明国民经济评价指标的计算方法，计算国民经济评价指标；提出国民经济不确定性分析成果；提出国民经济评价结论。

固定资产价值重估

资产评估方法主要有：

（1）收益现值法，这是将评估对象剩余寿命期间每年（或每月）的预期收益，用适当的折现率折现，累加得出评估基准日的现值，以此作为估算资产的价值。

（2）重置成本法，这是指现时条件下被评估资产全新状态的重置成本减去该资产的实体性贬值、功能性贬值和经济性贬值后，得出资产价值的方法。实体性贬值是由于使用磨损和自然损耗造成的贬值，可用折旧率方法进行计算。功能性贬值是指由于技术相对落后造成的贬值。经济性贬值是指由于外部经济环境变化引起的贬值。

（3）现行市价法，本法是通过市场调查，选一个或几个与评估对象相同或类似的资产作为比较对象，分析比较对象的成交价格和交易条件，进行对比调整，估算出资产价值的方法。

（4）清算价格法，本法适用于依照《中华人民共和国企业破产法》的规定，经人民法院宣告破产的企业的资产评估方法，评估时应当根据企业清算时期资产可变现的价值，评定重估价值。

上述各种方法中，以重置成本法比较适合水利工程固定资产价值重估，即按照竣工报告中的工程量（水泥、木材、钢材、石方等）和劳动工日，按照现行的价格进行调整计算，再加上淹没占地和移民搬迁费用。

淹没占地和移民搬迁费用也要采用重估数字，可根据现时价格和实际情况，并参考附近新修水利工程竣工费用进行估算。

在完成固定资产价值重估后，即可进行国民经济评价，其计算参数和计算方法应以《建设项目经济评价方法与参数》（第三版）和《水利建设项目经济评价规范》（SL 72—2013）为依据。对综合利用水利工程除计算工程总体的经济效果外，还应计算各组成部门的经济效果，因此，应该进行投资和年运行费分摊计算。在分摊前，应把重估投资和重估年运行费换算为影子投资和影子年运行费，效益也应按影子价格进行调整，并应注意所有费用和效益均应采用相同的价格水平年。

4．环境影响评价

水利项目的环境评价应以《水利水电工程环境影响评价规范》（SD 302）为依据，并应按照工程项目的具体情况，有重点地确定评价范围和评价内容。对建有水库的水利工程，其环境影响评价范围一般包括库区、库区周围及水库影响下游河段，但以库区及库区周围为重点。对跨流域调水工程、分（滞）洪工程、排灌工程等，也应根据工程特性确定评价范围。

环境影响评价应采用有无项目对比法，并结合国家和地方颁发的有关环境质量标准进行评价。对主要不利影响，应提出改善措施。最后应对评价结果提出结论和建议。

5．水土保持评价

水土保持评价应以《水利水电工程水土保持技术规范》（SL 575—2012）为依据，分析评价工程区自然条件及水土流失特征，水土保持执行情况，新增水土流失的重点部位和重点时段，水土保持措施实施情况及实施效果，水土保持检测方案，水土保持管理，水土保持效益等。

6．移民安置评价

大型水库工程项目，往往有大量移民搬迁，大量的专用设施改建，遗留问题很多，是后评价工作的重点。移民安置评价应进行大量调研工作，包括移民区分布，移民数量，淹没及浸没耕地、林木、果园、牧场面积，城镇情况，交通、邮电、厂矿、水利工程设施、移民经费使用和补偿情况，移民安置区情况，移民生产、生活情况，移民生活水平前后对比，移民群众的意见和遗留问题等。特别要摸清生活水平下降、生活困难移民的具体情况，研究提出帮助这部分移民如何提高经济收入，早日脱贫走向小康生活的措施和建议。

移民安置不当、移民生活困难往往会引起社会动荡不安，会影响社会稳定的大局，因此对移民评价必须足够重视。

7. 社会影响评价

社会评价包括社会经济、文教卫生、人民生活、就业效果、分配效果、群众参与和满意程度等内容。主要是调查研究项目对地区经济发展、提高人民生活水平、促进文教卫生事业发展、增加就业等方面的影响和群众满意程度以及项目带来的负效果等，并作出评价。在调研中要走群众路线，在广泛收集各种资料的基础上，充分听取各阶层各方面群众的意见。重点应复核本工程对社会环境、社会经济的影响以及社会相互适应性分析，从中发现问题，提出对策和结论性建议。

8. 目标和可持续性评价

目标评价：分析初步设计时拟定的近期和远期建设目标的实现程度和确定的正确程度。

可持续性评价：对项目能否持续运转和实现持续运转的方式提出评价，包括外部条件和内部条件两方面。外部条件指自然环境因素、社会经济发展、政策法规及宏观调控、资源调配、生态环境保护、水土流失控制、当地管理体制及部门协作等。内部条件指组织机构、技术水平、人员素质、内部管理制度、运行状况、财务运营能力、服务情况等。

9. 结论和建议

概括项目在技术、经济、管理等方面的主要成功经验和存在的主要问题。

三、项目后评价的方法

水利项目后评价的方法很多，从使用方法的属性分，可分为定性方法和定量方法；从使用方法的内容分，可分为调查收资法、市场预测法和分析研究法，通称"三法"，这三种方法中既含有定性方法也含有定量方法。本节简要说明经常采用的调查收资法及分析研究法。

1. 调查收资法

调查收集资料是水利工程后评价过程中非常重要的环节，是决定后评价工作质量和成果可信度的关键，调查收集资料的方法很多，主要有利用现有资料法、参与观察法、专题调查会法、问卷调查法、访谈法、抽样调查法等。应视水利工程的具体情况、后评价的具体要求和资料收集的难易程度来选用适宜方法。在条件许可时，往往采用多种方法对同一调查内容相互验证，以提高调查成果的可信度和准确性。调查收集资料，重点是利用现有资料，这些资料包括：

（1）前期工作成果——规划、项目建议书、项目评估、立项批文、可行研究报告、初步设计、招标设计等资料。

（2）项目实施阶段工作成果——施工图、开工报告、招投标文件、合同、监理报告、审计报告、竣工验收及竣工决算等。

（3）项目运行管理成果——历年运行管理情况，水库调度情况，财务收支情况，以及各种建筑物观测资料。

（4）工程项目有关的技术、经济、社会及环境方面的资料。

（5）工程所在地区社会发展及经济建设情况。

2．分析研究法

水利工程后评价其基本原理是比较法，亦称对比法。就是对工程投入运行后的实际效果与决策时期的目标和目的进行对比分析，从中找出差距，分析原因，提出改进措施和意见，进而总结经验教训，提高对项目前期工作的再认识。常用的后评价分析研究方法有定量分析法、定性分析法、逻辑框架法、有无工程对比分析法和综合评价法等。常用的为有无工程对比法和综合评价法。

（1）有无工程对比法。有无工程对比法是指有工程情况与无工程情况的对比分析，通过有无对比分析，可以确定工程引起的经济技术、社会及环境变化，即经济效益、社会效益和环境效益的总体情况，从而判断该工程的经济技术、社会、环境影响情况。后评价有无对比分析中的无工程情况，是指经过调查确定的基线情况，即工程开工时的社会、经济、环境状况。对于基线的有关经济、技术、人文方面的统计数据，可以依据工程开工年或前一年的历史统计资料，采用一般的科学预测方法，预测这些数据在整个计算期内可能的变化。有工程情况，是指工程运行后实际产生的各种经济、技术、社会、环境变化情况，有工程情况减去无工程情况，即为工程引起的实际效益和影响。

（2）综合评价法。对单项有关经济、社会、环境效益和影响进行定量与定性分析评价后，还需进行综合评价，求得工程的综合效益，从而确定工程的经济、技术、社会、环境总体效益的实现程度和对工程所在地的经济技术、社会及环境影响程度，从而得出后评价结论。综合评价的方法很多，常用的有成功度评价和对比分析综合评价法。

所谓成功度评价就是依靠后评价专家，综合后评价各项指标的评价结果，对项目的成功度作出定性的结论。项目成功度可分为完全成功、成功、部分成功、不成功、失败五个等级。所谓对比分析综合评价法就是将后评价的各项定量与定性分析指标列入"水利工程后评价综合表"中，然后对表中所列指标逐一进行分析，阐明每项指标的分析评价结果及其对工程的经济、技术、社会、环境效益的影响程度，排除那些影响小的指标，重点分析影响大的指标，最后分析归纳，找出影响工程总体效益的关键所在，提出工程后评价的结论。

项目后评价的内容广泛，是一门新兴的综合性学科，因此，其评价方法也是多种多样的，前面介绍的一些方法，可以结合项目的实际情况，分别采用。项目后评价十分强调科学性和合法性，项目的国民经济评价和财务评价方法应以《建设项目经济评价方法与参数》（第三版）和《水利建设项目经济评价规范》（SL 72—2013）为依据，环境影响评价方法应遵循《水利水电工程环境影响评价规范》（SD 302）进行，工程评价、管理评价、勘测设计评价、移民评价、社会评价等也应参照相应的有关规程、规范进行。

思　考　题

1．投资估算与设计概算有什么区别？

2．项目管理预算的项目划分有什么特点？

3．施工图预算与施工预算的区别是什么？

4．投资估算、设计概算、施工图预算、施工预算造价文件编制的方法和步骤主要有哪些?

  5. 竣工结算的作用是什么?

  6. 竣工结算的资料包括哪些? 竣工结算书如何编制?

  7. 竣工决算的主要内容有哪些?

  8. 如何编制竣工决算? 竣工决算报告包括哪 9 个表格?

  9. 项目后评价的主要内容有哪些?

项目七 计算机编制水利水电工程造价简介

 重点提示

1. 了解工程造价软件的特点；
2. 熟悉水利水电工程造价软件的安装过程；
3. 掌握水利水电造价软件的功能。

水利水电工程造价编制是一项烦琐的工作，计算工作量大，传统的手算速度慢，工效低，而且容易出错，不适应当前经济建设的快速发展的需要。尤其是工程项目招投标以来，发包方和承包方均应及时准确地计算出标底和报价，计算机的应用愈来愈显得重要。应用计算机编制工程概预算和标底，不但运算速度快、精度高，而且还可以进行文本处理，是当前乃至今后工程造价实现现代化管理的重要手段。

本项目主要介绍涌金水利计价软件，它是浙江省水利厅水利定额站委托杭州品茗工程造价软件公司根据《浙江省水利工程造价计价依据（2010）》而编制的水利计价软件。

任务一 工程造价软件的开发和安装

一、水利计价软件的开发

涌金水利计价软件是根据《浙江省水利水电工程设计概（预）算编制规定（2010）》、《浙江省水利水电建筑工程预算定额（2010）》、《浙江省水利水电安装工程预算定额（2010）》、《浙江省水利水电工程施工机械台班费定额（2010）》、《浙江省水利工程造价计价依据（2010 年）》补充规定（一）的通知（浙水建〔2013〕81 号）开发的。该软件可编制水利水电工程投资估算、水利水电工程设计概算、水利水电工程标底、水利水电工程投标报价，并可对水利水电工程投资进行审查等。

二、软件安装、注册、卸载

（一）运行环境

1. 硬件环境

推荐配置并非最低要求；

CPU：Pentium4，1.8GHz 或更高；

内存：512M；

硬盘：500MB 可用硬盘空间；

显示模式：VGA、SVGA、TVGA 等彩色显示器，分辨率 1024×768，24 位真彩；

其他要求：各种针式、喷墨和激光打印机。

2. 软件环境

简体中文版 Windows 2000、简体中文版 Windows XP、简体中文版 Windows 7。

（二）安装

（1）通过品茗网站（www. pinming. cn）下载软件安装程序或直接从光盘安装。

（2）安装完成后，插入加密锁，加密锁驱动程序会自动安装。加密锁上的指示灯不再闪烁表示驱动程序安装成功。

（三）卸载

从 Windows 操作系统的开始菜单中找到设置/控制面板，双击添加/删除程序，系统出现添加/删除程序属性窗口，在添加/删除程序列表中找到品茗软件，双击或按按钮添加/删除。弹出软件卸载窗口。卸载完成后出现完成界面，按完成按钮。

任务二　工程造价软件的功能与使用

下面对涌金水利计价软件从五个方面进行软件操作学习。

一、新建项目

单击菜单栏中的"文件/新建项目"，图 7-1 所示。

可以直接单击菜单栏下面的"新建"按钮，图 7-2 所示。

图 7-1　新建项目　　　　　　　图 7-2　新建项目

（一）选择模板

单击"新建"按钮后弹出的新建窗口中罗列了软件中的所有模板，如图 7-3 所示。

新建窗口中的模板分为两种类型：系统模板、用户模板。

系统模板是指根据浙江省水利厅或水利部发布的《编规（2010）》及《浙江省水利工程工程量清单计价办法》（2012）中的规定编制的模板。

用户模板是指根据不同地区用户需求所指定的模板或者用户为方便后期编制所另存的模板。

选择相应的模板后，输入项目名称单击确定后，完成新建工程操作。

（二）基本信息

在"项目属性/基本信息"中输入相应的工程信息，工程名称会根据新建时所输入的名称自动填充。对于"工程性质"、"工程类别"、"计税施工地区"这三项需要根据实际工程的要求进行选择，该选项决定了工程的税费费率。界面如图 7-4 所示。

图 7-3 选择模板

图 7-4 基本信息

（三）编制说明

根据工程的信息内容在编制说明模块中填写，在打印输出的编制说明报表可预览其效果。界面如图 7-5 所示。

图 7-5 编制说明

（四）费率设置

费率设置模块主要用于设置工程税费，如措施费、规费、企业管理费、税金、利润。

由于在"基本信息"中已经设置过工程的"工程性质"、"工程类别"、"计税施工地区"，所以在该界面可以不用设置，当然如果需要调整，可逐项进行设置。界面如图 7-6 所示。

	名称	A：利润	B：措施费	C：规费	D：管理费	E：税金	F：单价调整
		利润	措施费	规费	管理费	税金	单价调整
1							
2	⊞ 一类工程	0	0	0	0	0	0
11	⊟ 二类工程	0	0	0	0	0	0
12	二类土方工程	6	4.5	4	8.5	3.28	0
13	二类石方工程	6	4.5	4	8.5	3.28	0
14	二类大型土石方工程	6	4.5	3	6.375	3.28	0
15	二类混凝土工程	6	4.5	4	7	3.28	0
16	二类钢筋制安工程	6	4.5	2.8	4.9	3.28	0
17	二类基础处理工程	6	4.5	4	7.5	3.28	0
18	二类疏浚工程	6	4.5	4	7	3.28	0
19	二类安装工程（安装费）	6	4.5	25	45	3.28	0
20	二类安装工程（设备制作）	6	4.5	25	45	3.28	0
21	⊞ 三类工程	0	0	0	0	0	0
31	砂石备料	0	0	0	0	0	0
32	临时工程	0	0	0	0	0	0
33	其他工程	0	0	0	0	0	0
34	安装费	0	0	0	0	0	0
35	设备费	0	0	0	0	0	0
36	运杂费	0	0	0	0	0	0
37	不计税费	0	0	0	0	0	0
38	不计税费（安装费）	0	0	0	0	0	0
39	不计税费（设备制作）	0	0	0	0	0	0

图 7-6　费率设置

二、基础数据

基础数据中包括了材料、电、风、水、机械台班、机械组班、砂石料、配合比及中间单价，正确填写、计算基础数据中的价格，是提高编制质量的关键。

（一）材料单价

软件中的材料价格录入界面如图 7-7 所示。

	编号	名称	型号规格	单位	材机类别	单价	限价
1	101	人工		工日	人工	48.76	48.76
2	102	机械人工		工日	人工	48.76	48.76
3	106	水泥		t	材料	500	300
4	107	水泥 32.5级		t	材料	320	300
5	107-1	水泥 32.5级		kg	材料	0.32	0.3
6	108	水泥 42.5级		t	材料	500	300
7	108-1	水泥 42.5级		kg	材料	0.5	0.3
8	109	水泥 52.5级		t	材料	400	300
9	109-1	水泥 52.5级		kg	材料	0.4	0.3
10	201	钢筋		t	材料	4850	3000
11	202	钢筋		t	材料	4000	3000
12	203	钢筋（一级）		t	材料	4400	3000
13	204	钢筋（二级）		t	材料	4400	3000
14	205	钢筋		kg	材料	3	3
15	206	钢材		t	材料	4700	3000
16	207	钢材		kg	材料	5	3
17	208	钢板		t	材料	5000	3000
18	209	钢板		kg	材料	5	3
19	210	型钢		t	材料	5000	3000
20	211	型钢		kg	材料	5	5
21	212	钢管		t	材料	5000	3000
22	213	钢管		kg	材料	5	3
23	214	钢板桩		t	材料	5000	3000
24	215	钢模板		kg	材料	6	6
25	216	钢拉模		kg	材料	6	6
26	217	钢滑模		kg	材料	6	6
27	218	专用钢模		kg	材料	6	6
28	219	卡扣件		kg	材料	6	6

图 7-7　材料单价

（二）机械单价

机械单价界面共分为 3 个模块：机械分类、机械列表及机械组成，如图 7-8 所示。

图 7-8　机械单价界面

机械组成中二类费用的价格应该在"材料单价"中进行相应的调整。

机械组班的添加，可分为三个步骤（图 7-9）：

（1）在机械组班节点，单击插入行并输入名称、单位、型号规格等。

（2）在下面的机械组成中单击"增加材机"，插入相应的机械台班。

（3）调整出入的机械台班的数量，单击项目计算（F5），即可完成机械组班的添加。

图 7-9　机械组班操作

（三）砂石料单价

砂石料工序单价列表见图 7-10，砂石料工序单价组成如图 7-11 所示。

图 7-10　砂石料工序单价列表

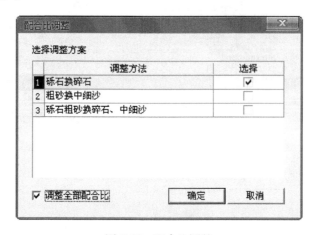

图 7-11　砂石料工序单价组成

（四）配合比单价

涌金水利计价软件中现已录入了《预算定额（2010）》书中的所有混凝土，在使用时只需要单击" 导入配合比 "按钮，在弹出的窗口中选择工程中所需要的混凝土即可完成导入操作。导入完成后，如需要调整配合比中的材料构成则需要点击" 配合比调整 "，选相应的调整即可，如图 7-12 所示。

图 7-12　配合比调整

（五）中间单价

在水利工程中，涉及混凝土的定额均需要进行混凝土的拌制或者运输，所以在套用混凝土定额后，需要对混凝土的拌制与运输进行组价，这里就需要用到中间单价。中间单价可以直接在材料单价处添加（图7-13），也可以直接在中间单价处添加，如图7-14所示，然后就可以在右上对话框套取定额，如图7-15所示。

图7-13　设定为中间单价

	编号	名称	单位	单价	限价	取费类别
1	821	混凝土运输	m3	16.08	16.08	
2	824	混凝土拌制	m3	20.87	20.87	
3	822	混凝土水平运输	m3			
4	823	混凝土垂直运输	m3			

图7-14　添加中间单价

	编号	名称	单位	数量	单价	限价	单价合计	限价合计
1	40338	拌和楼拌制混凝	m3	1	20.87	20.87	20.87	20.87

图7-15　中间单价添加定额

可以在右下的对话框查看定额的材机以及材机的调整。

三、分部分项

软件分部分项模块分为四大部分：建筑工程、机电设备及安装工程、金属结构设备及安装工程、施工临时工程（在2013清单中，"施工临时工程"命名为"措施项目"）。

（一）建筑工程概算编制

1.编制方法

建筑工程（包括临时工程）概算通常用以下几种方法来计算其投资。

（1）单价法：软件中只要在定额行插入相应的定额即可，如图7-16所示。

图7-16　单价法

（2）指标法：软件中，需要将类别列中的项或清改成费，在计算公式列输入相应的工程量，在单价列输入相应的单价按下回车按钮即可完成操作，如图7-17所示。

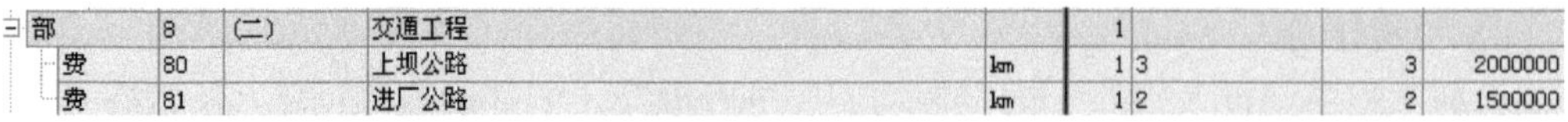

部	8	(二)	交通工程		1			
费	80		上坝公路	km	1	3	3	2000000
费	81		进厂公路	km	1	2	2	1500000

图 7-17　指标法

(3) 百分率法。由于这种方法是要取工程投资作为计算基数，所以要在计算公式中填入相应的变量。

首先需要将类别列中的项或清改成费，接着单击计算公式单元格中的"…"按钮，在弹出的窗口中右键选择"插入基数"，在弹出的窗口中选择相应的投资范围及类型单击确定后会自动生成相应的变量。最后在工程量单元格中输入实际的百分率即可完成操作，如图 7-18 所示。

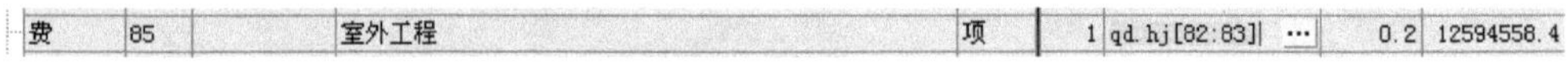

费	85		室外工程	项	1	qd.hj[82:83] …	0.2	12594558.4

图 7-18　计算基础的选取

2. 主体工程建筑工程概算编制

采用单价法即按工程量乘以单价的方法计算工程投资。

软件中细部结构具体操作为：

(1) 在类别为项或清行，单击计算公式中的"…"按钮，在弹出的窗口中右键选择插入基数，再在弹出的窗口中选择参与计算的项或清行，如图 7-19 所示。

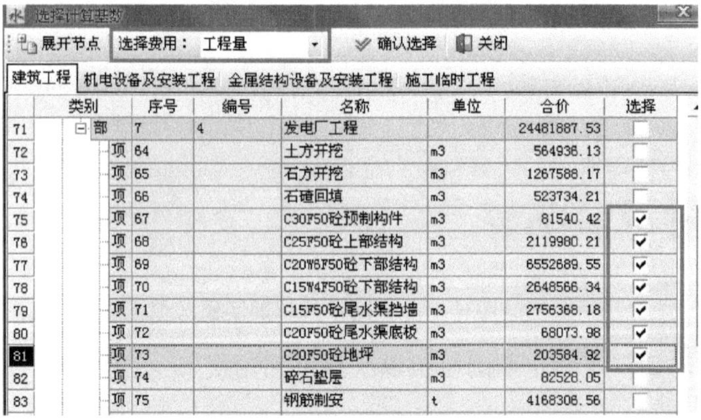

	类别	序号	编号	名称	单位	合价	选择
71	部	7	4	发电厂工程		24481887.53	☐
72	项	64		土方开挖	m3	564936.13	☐
73	项	65		石方开挖	m3	1267588.17	☐
74	项	66		石碴回填	m3	523734.21	☐
75	项	67		C30F50砼预制构件	m3	81540.42	☑
76	项	68		C25F50砼上部结构	m3	2119980.21	☑
77	项	69		C20W6F50砼下部结构	m3	6552689.55	☑
78	项	70		C15W4F50砼下部结构	m3	2648566.34	☑
79	项	71		C15F50砼尾水渠挡墙	m3	2756368.18	☑
80	项	72		C20F50砼尾水渠底板	m3	68073.98	☑
81	项	73		C20F50砼地坪	m3	203584.92	☑
82	项	74		碎石垫层	m3	82528.05	☐
83	项	75		钢筋制安	t	4168306.56	☐

图 7-19　选择计算基数

(2) 在下面定额行插入相应的细部结构，如图 7-20 所示。

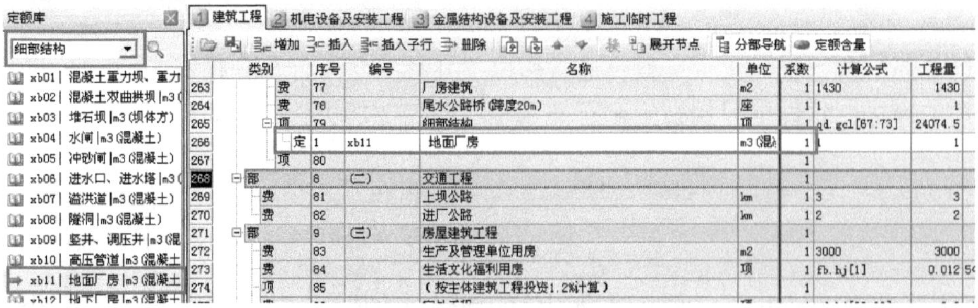

	类别	序号	编号	名称	单位	系数	计算公式	工程量
263	费	77		厂房建筑	m2	1	1430	1430
264	费	78		尾水公路桥 (跨度20m)	座	1	1	1
265	项	79		细部结构	项	1	qd.gcl[67:73]	24074.5
266	定	1	xb11	地面厂房	m3 (混	1	1	1
267	项	80				1		
268	部	8	(二)	交通工程		1		
269	费	81		上坝公路	km	1	3	3
270	费	82		进厂公路	km	1	2	2
271	部	9	(三)	房屋建筑工程		1		
272	费	83		生产及管理单位用房	m2	1	3000	3000
273	费	84		生活文化福利用房	项	1	fb.hj[1]	0.012
274	项	85		(按主体建筑工程投资1.2%计算)		1		

图 7-20　增加细部结构

这些指标是指直接工程费，不包括措施费、间接费、利润、税金。故计算时要按规定计入上述各项费用。

（二）设备及安装工程概算

安装工程费按设备数量乘以安装单价进行计算。在概算阶段，主要设备的安装费可用安装费率计算，如图 7-21 所示（图中 qd. sbhj ［1：6］ 指项目 1～6 行的设备合价，取费类别选择安装费）。

		二	机电设备及安装工程		1				0
部	1	(一)	主要机电设备及安装		1				0
项	1		水轮机（HL-LJ-140）	台	1	2	2	设备费	1500000
定	1		水轮机（HL-LJ-140）		1	1	1	设备费	1500000
项	2		发电机（SF14-18/3500）	台	1	2	2	设备费	4700000
定	1		发电机（SF14-18/3500）	台	1	1	1	设备费	4700000
项	3		主 阀	台	1	2	2	设备费	600000
定	1		主 阀	台	1	1	1	设备费	600000
项	4		主变压器（S10-50000/110）	台	1	1	1	设备费	2100000
定	1		主变压器（S10-50000/110）	台	1	1	1	设备费	2100000
项	5		桥式起重机（100/20t LK=14.0m）	台	1	1	1	设备费	1400000
定	1		桥式起重机（100/20t LK=14.0m）	台	1	1	1	设备费	1400000
项	6		高压组合电器	项	1	1	1	设备费	2000000
定	1		高压组合电器	项	1	1	1	设备费	2000000
费	7		运杂费		1	qd.sbhj[1:6]	0.035	运杂费	19100000
费	8		安装费		1	qd.sbhj[1:6]	0.08	安装费	0

图 7-21 安装费界面

（三）施工临时工程概算

1. 单价法

导流工程、施工支洞等项目，投资大，设计深度能满足提出具体工程量的要求，采用同主体建筑工程的工作量乘单价的方法计算投资。

软件操作这里按围堰工程举例（图 7-22），具体操作可参考建筑工程操作方法。

增加 插入 插入子行 删除 展开节点 分部导航 定额含量

	类别	序号	编号	名称	单位	系数	计算公式	工程量	单价	合价	取费类别
1			四	施工临时工程		1				76896587.51	
2	部	1	（一）	施工导流工程		1				45011469.75	
3	部	2	1	围堰		1				14196416.19	
4	项	1		土石方填筑	m3	1	72600.00	72600	9.72	705672	土方工程
5	定	1	10685	拖拉机压实土料 土料 干密度>16.67kN/m3^按III类	100m3	1	1	1	9.72	9.72	土方工程
6	项	2		M7.5浆砌块石	m3	1	7491.00	7491	270.98	2029911.18	石方工程
7	定	1	30026换	浆砌块石 护坡 平面	100m3	1	1	1	270.98	270.98	石方工程
8	项	3		高喷防渗墙	m2	1	12281.50	12281.5	814.26	10000334.19	基础处理工
9	定	1	60133	钻机钻(高压喷射)灌浆孔 地层类别 卵石、漂石	100m	0.5	1	1	514.71	257.36	基础处理工
10	定	2	60145	高压旋喷灌浆 地层类别 卵石、漂石	100m	0.5	1	1	1113.81	556.91	基础处理工
11	项	4		编织袋围堰	m3	1	9900.00	9900	89.26	883674	临时工程
12	定	1	90003	土围堰 编织袋(黄土)填筑	100m3	1	1	1	89.26	89.26	临时工程
13	项	5		堰体拆除	m3	1	56166.00	56166	10.27	576824.82	其他工程
14	定	1	90005	土围堰 拆除	100m3	1	1	1	10.27	10.27	其他工程

图 7-22 临时工程到单价法

2. 指标法

对于投资较大，但在初步设计阶段尚难以提供详细的三级项目工程量的项目，如交通工程、仓库、场外供电线路［指施工场外现有电网项施工现场供电的 10kV 及以上等级的供电线路工程及变配电设施（场内除外）］、通信等，可按工程量乘指标（元/km、元/m²、元/座等）的方法编制，如图 7-23 所示。

部	4	（二）	施工交通工程		1				5000000
费	16		新建公路	km	1	15.00	15	200000	3000000
费	17		拓宽公路	km	1	20.00	20	100000	2000000

图 7-23 临时工程指标法

序号	变量	名称	数值
1	A	建筑安装工作量	JZBF.HJ+JSBF.AZHJ+JD
2	U	人均建筑面积综合指标	11
3	P	单位造价指标	400
4	N	施工年限	4
5	L	全员劳动生产率	11
6	K1	施工高峰人数调整系数	1.1
7	K2	室外工程系数	1.1
8	K3	单位造价指标调整系数	0.5

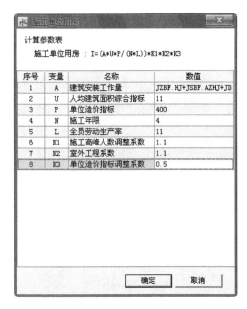

图 7-24 办公、生活及文化福利建筑中施工单位用房

软件中针对办公、生活及文化福利建筑中施工单位用房的计算，可在“施工单位用房”行单击“…”，在弹出的窗口中填入相应的数值即可，如图 7-24 所示。

图 7-24 中 A 的数值为 JZBF.HJ＋JSBF.AZHJ＋JDBF.AZHJ＋FB.HJ［1，4，5，7］表示的意思为：建筑工程合价＋金结部分安装费＋机电部分安装费＋临时工程 1、4、5、7 分部的合价。

3. 百分率法

软件中对于百分率法的操作方法类似于安装工程中的安装费的操作，如图 7-25 所示。

中间计算公式可以单击“…”，在弹出的窗口中进行选择，工程量中填写费率值。

（四）独立费用

独立费用如图 7-26 所示。

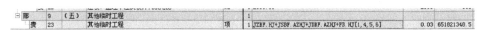

部	9	（五）	其他临时工程		1			
费	23		其他临时工程	项	1	JZBF.HJ+JSBF.AZHJ+JDBF.AZHJ+FB.HJ[1,4,5,6]	0.03	651821348.5

图 7-25 其他临时工程

	打印序号	名称	单位	计算基础	合价
1		独立费用	元		
2	一	建设管理费	元		
3	1	建设单位开办费	元	开办费费用标准×建设单位定员	
4	1.1	开办费费用标准	元		
5	1.2	建设单位定员	人		
6	2	建设单位人员费	元	费用指标(元/人年)×定员人数×费用计算期(年)	
7	2.1	费用指标	元/人年		
8	2.2	定员人数	人	建设单位定员	
9	2.3	费用计算期	年		
10	3	建设管理经常费	元	建设单位开办费+建设单位人员费	
11	4	工程建设监理费	元		
12	4.1	施工监理服务收费基准价	元	施工监理服务收费基价×专业调整系数×工程复杂程度调整系数×高程调整系数	
17	4.2	施工监理服务收费		施工监理服务收费基准价×浮动幅度值	
20	5	经济技术服务费	元	一至四项投资合计×经济技术服务费用指标	
21	5.1	经济技术服务费用指标	%		
22	二	生产准备费	元		
23	1	生产及管理单位提前进场费	元	一至四项建安合计×生产准备费费率	
24	1.1	生产准备费费率	%		
25	2	生产职工培训费	元	一至四项建安合计×生产职工培训费费率	
26	2.1	生产职工培训费费率	%		
27	3	管理用具购置费	元	一至四项建安合计×管理用具购置费费率	
28	3.1	管理用具购置费费率	%		
29	4	工器具及生产家具购置费	元	设备费×工器具及生产家具购置费费率	
30	4.1	工器具及生产家具购置费费率	%		
31	三	科研勘察设计费	元		
32	1	科学研究试验费	元	一至四项建安合计×科学研究试验费比例	
33	1.1	科学研究试验费比例	%		
34	2	前期勘察设计费	元	前期勘测费+前期设计费	
35	2.1	勘测费	元	前期勘测费收费基价×工作量比例×工程类型调整系数×复杂程度调整系数×附加方案及其他调整系数	
37	2.2	设计费	元	工程设计费×所占工程设计费比例	
39	3	工程勘察设计费	元	工程勘察费+工程设计费	
40	3.1	勘察费	元	工程勘察费收费基价×专业调整系数×复杂调整系数×附加调整系数	
45	3.2	设计费	元	工程设计费收费基价×工程类型调整系数×复杂程度系数×复杂程度系数	
50	四	其他	元		
51	1	工程质量检测费	元	一至四项建安合计×工程质量检测费费率	
52	1.1	工程质量检测费费率	%		
53	2	安全施工费	元	一至四项建安合计×安全施工费费率	
54	2.1	安全施工费费率	%		
55	3	工程保险费	元	一至四项投资合计×工程保险费费率	
56	3.1	工程保险费费率	%		
57	4	其他税费	元		

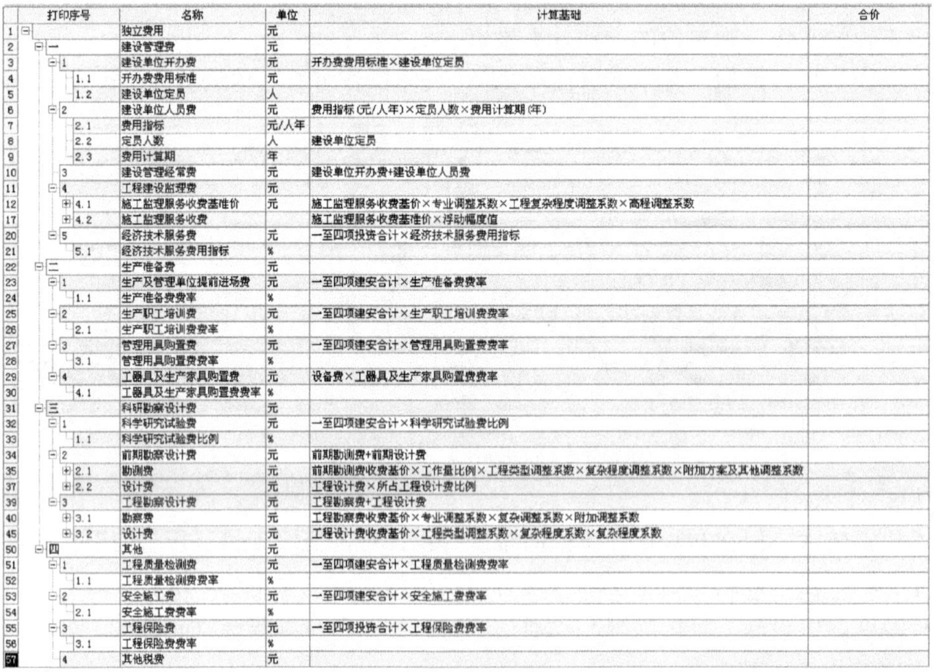

图 7-26 独立费用

四、工程汇总

用于显示工程最后的总造价。在这里用户可以不用进行修改操作，如图 7-27 所示。

	①独立费用	②征地和环境部分	③分年度投资	④工程汇总		

打印序号		名称	单位	计算基础	单价	合价
1	Ⅰ	工程部分	元	0		
2	一	建筑工程	元	建筑工程合计	1	590146399.39
3	二	机电设备及安装工程	元	机电设备及安装工程合计	1	38093387.5
4	三	金属结构及安装工程	元	金属结构及安装工程合计	1	36507003
5	四	施工临时工程	元	施工临时工程合计	1	76935240.05
6	五	独立费用	元	独立费用合计	1	125211954.03
7		一至五部分合计(2+3+4+5+6)	元	一至五部分合计	1	866893983.97
8						
9		预备费(10+11)	元		1	169671304.18
10		基本预备费	元	基本预备费	1	169671304.18
11		价差预备费	元	价差预备费	1	
12		建设期还贷利息	元	建设期还贷利息	1	46387955.31
13		送出工程	元	送出工程	1	14000000
14					1	
15		静态总投资(7+10+13)	元	静态总投资	1	1050585288.15
16		工程部分总投资(11+12+15)	元	工程部分总投资	1	1096953243.46
17						
18						
19	Ⅱ	征地和环境部分	元		1	
20	一	水库征地补偿和移民安置投资	元	水库征地补偿和移民安置投资	1	766894093
21	二	工程建设区征地补偿和移民安置投资	元	工程建设区征地补偿和移民安置投资	1	300000000
22	三	水土保持工程	元	水土保持工程	1	15000000
23	四	环境保护工程	元	环境保护工程	1	10000000
24		一至四项合计	元	一至四项合计	1	1091894093
25		预备费	元		1	154493016.2
26		基本预备费	元	基本预备费	1	154493016.2
27		价差预备费	元	价差预备费	1	
28		建设期还贷利息	元	建设期还贷利息	1	56023052.92
29		静态总投资	元	静态总投资	1	1246387109.2
30		征地和环境部分总投资	元	征地和环境部分总投资	1	1302410162.12
31						
32	Ⅲ	工程汇总	元	0		
33		静态总投资(16+29)	元	静态总投资	1	2296952397.35
34		工程总投资(17+30)	元	工程总投资	1	2399363405.58

图 7-27　工程汇总

五、打印输出

(一) 报表增加

如需新建一张名为"建筑工程预算表"的新报表，首先进入打印输出项，在报表目录中右键，选择"新建/新建报表"，如图 7-28 所示。

在弹出的窗口中输入报表名，如图 7-29 所示。

图 7-28　新建报表　　　　图 7-29　输入报表名称

这样就建好了一张全新的报表了，新建的报表是没有内容的，需要自己来编制。

(二) 报表另存

当要修改已有的报表时，可能要把当前报表先备份另存。这里有两个另存模式，一个是单一报表的另存，另一个是全部报表的另存。如果是修改单张报表，就要对单一报表进行另存备份。

参 考 文 献

〔1〕 浙江省水利厅. 浙江省水利水电工程设计概（预）算编制规定. 杭州：杭州出版社，2010.

〔2〕 浙江省水利厅. 浙江省水利水电建筑工程预算定额. 杭州：杭州出版社，2010.

〔3〕 浙江省水利厅. 浙江省水利水电安装工程预算定额. 杭州：杭州出版社，2010.

〔4〕 浙江省水利厅. 浙江省水利水电工程施工机械台班费定额. 杭州：杭州出版社，2010.

〔5〕 中华人民共和国建设部. GB 50501—2007 水利工程工程量清单计价规范. 北京：中国标准出版社，2007.

〔6〕 浙江省水利厅. 浙江省水利工程工程量清单计价办法. 杭州：杭州出版社，2012.

〔7〕 梁建林. 水利水电工程造价与招投标. 2 版. 郑州：黄河水利出版社，2009.

〔8〕 浙江省水利学会. 浙江省水利工程造价员资格考试讲义. 2011.